교양으로 읽는
원자력 상식

교양으로 읽는 원자력 상식

발행일 2024년 7월 8일 초판 1쇄 발행
지은이 사이토 가쓰히로
옮긴이 이진원
발행인 강학경
발행처 시그마북스
마케팅 정제용
에디터 양수진, 최연정, 최윤정
디자인 정민애, 강경희, 김문배

등록번호 제10-965호
주소 서울특별시 영등포구 양평로 22길 21 선유도코오롱디지털타워 A402호
전자우편 sigmabooks@spress.co.kr
홈페이지 http://www.sigmabooks.co.kr
전화 (02) 2062-5288~9
팩시밀리 (02) 323-4197
ISBN 979-11-6862-262-3 (03550)

'GENSHIRYOKU' NO KOTOGA ISSATSU DE MARUGOTO WAKARU
© KATSUHIRO SAITO 2023
Originally published in Japan in 2023 by BERET PUBLISHING CO., LTD., TOKYO
Korean Characters translation rights arranged with BERET PUBLISHING CO., LTD., TOKYO,
through TOHAN CORPORATION, TOKYO and EntersKorea Co., Ltd., SEOUL.

파본은 구매하신 서점에서 교환해드립니다.

• 시그마북스는 (주)시그마프레스의 단행본 브랜드입니다.

교양 으로 읽는 원자력 상식

생각보다
쉽고,
쓸모 있는
과학 상식

사이토 가쓰히로 지음 이진원 옮김

시그마북스
Sigma Books

과학의 눈으로 보는
'원자력'

원자핵 반응 에너지란 무엇인가?

우주를 구성하는 모든 물질은 원자로 이루어져 있다. 그 원자는 작고 무거운(밀도가 큰) 하나의 원자핵과 그것을 둘러싼 둥근 구름 형태의 전자구름으로 형성되어 있다.

한편, 원자가 일으키는 '화학 반응'은 전자에서 발생하는 것일 뿐, 불변의 물질인 원자핵은 결코 변화(반응)하지 않는 것으로 알려져 있었다.

그런데 20세기에 들어 퀴리 부인 등의 학자들이 연구한 결과, 원자핵도 반응을 일으켜 다른 원자핵으로 변화한다는 사실이 밝혀졌다. 이 원자핵이 일으키는 반응을 '원자핵 반응'이라 한다.

원자핵 반응에서는 반응 에너지가 발생한다. 이 에너지는 전자의 화학 반응과는 비교도 안 될 만큼 크고 방대하다고 한다.

아인슈타인은 상대성 이론을 이용해 그 에너지의 크기를 추정했다. 그것이 이른바 아인슈타인의 식, 'E = mc²'이다.

이에 따르면 원자핵 반응에서는 원자의 질량 중 m이 소실되고 에너지 $E = mc^2$(c는 광속)으로 변하는 것을 알 수 있다.

원자력의 공포?

이것이 '원자력·원자력 에너지'라 부르는 방대한 에너지로, 평화적으로 사용하면 매우 큰 가치가 있다. 하지만 불행히도 인간은 파괴 무기인 '원자폭탄'을 만드는 데 이 원자력을 처음으로 사용했다.

그리고 그것이 잘못된 선택이었음을 깨달은 인류는 전기를 만드는 '발전'에 원자력을 이용하게 되었다.

초기 원자력 발전은 큰 사고 없이 순탄하게 가동되었다. 하지만, 첫 사용으로부터 반세기가 지나 장치의 규모가 거대해지고 인류가 원자력 관리에 익숙해졌을 무렵부터 사고가 발생하기 시작했다.

미국에서 일어난 스리마일섬 사고, 소련(현 러시아)에서 발생한 체르노빌 사고, 일본에서 일어난 후쿠시마 원전 사고 등이 그 예라 할 수 있다. 특히 체르노빌과 후쿠시마 원전에서 발생한 사고의 심각한 피해는 전 세계에 충격을 주기에 충분했다.

이 같은 일련의 사고를 접하면서, 원자력이 계속 가동할 가치가 있는 에너지인지에 대해 전 세계적으로 진지한 논의가 일었다.

미래의 에너지 문제를 생각하기 위해

현대 사회는 에너지 없이는 존속할 수 없다. 현대 에너지의 대부분은 석탄·석유·천연가스와 같은 화석 연료에 의존하고 있다. 하지만 화석 연료는 연소될 때 이산화탄소를 발생시켜 지구 온난화와 기후변화 등의 심각한 문제를 초래한다.

그리고 이를 보완할 것으로 기대했던 재생 가능 에너지는 아직 역부족 상태에 있다. 이러한 상황에서 현대 혹은 차세대 사회는 에너지를, 특히 원자력을 어떻게 이용해야 할까?

그 방안을 고려할 자료로서 도움이 되기를 바라는 마음으로 이 책을 집필했다.

따라서 이 책은 절대로 원자력 발전을 권장하는 책이 아니다. 또한 원자력 발전을 반대하는 책도 결코 아니다.

원자력 발전을 찬성할 것인가, 반대할 것인가? 이는 독자 스스로 잘 생각하고 판단해야 할 문제다. 이 책이 그 판단에 도움이 될 수 있다면 큰 기쁨이겠다.

마지막으로 이 책을 발간하는 데 힘써주신 반도 이치로 씨, 이리쿠라 토시오 씨, 참고 서적의 저자 여러분 그리고 출판사 여러분께 깊은 감사의 말을 전하고 싶다.

사이토 가쓰히로

차 례

제3장

원자력을 이해하기 전에
원자와 원자핵을 알아보자

제4장

방사선에 대해 알아야 할 것

제5장

원자력 발전의 구조를 살펴보다

제6장
원자로의 내부를 분해해보다

제7장
원자력 발전은 환경과 어떤 관계가 있을까?

제8장
세계를 뒤흔든 역사 속 원자로 사고

제 9 장

앞으로 원자력 발전은
어떻게 진화해나갈까?

제 10 장

핵융합로는 인류의 미래를 짊어질
비장의 에너지 카드?

제 1 장

원자력의 역사는
어떻게 시작되었나?

01

원자력 시대의 문을 연 퀴리 부부

방사성 원소의 발견

이 책은 '원자력'의 이해를 돕기 위한 책이다. 원자력이라고 하면 위험하고 무서운 것으로 생각하기 쉽다. 확실히 원자력은 잘못 다루면 위험하고 무서운 존재임에는 분명하다. 그것은 2011년에 일본에서 일어난 후쿠시마 원자력 발전소의 사고를 보아도 알 수 있다.

하지만 올바르게 다루기만 하면 원자력은 인류에게 에너지와 가능성을 주는 멋진 자원이 될 것이다.

찬성도 반대도 아닌 이 책의 입장

또한 '원자력' 하면 발전 또는 원자폭탄이라는 단어가 떠오른다. 그래서 원자력 이용을 '찬성할 것인가, 반대할 것인가'라는 양자택일의 문제로만 생각할 수 있다.

본론부터 말하자면 이 책에서는 원자력 이용을 찬성하지도 반대하지도 않는다. 다만 원자력에 흥미가 있을 뿐이다. 따라서 이 책에서는 '원자력의 공포를 강조'한다거나 '원자력의 장점을 강조'하는 내용은 찾아볼 수 없을 것이다. 이론적인 면과 기술적인 면에서 **'원자력이란 무엇일까?', '원자력은 왜 위험할까?', '원자력은 어떤 도움이 될까?'** 등을 설명할 뿐이다.

원자력 이용에 찬성할지, 반대할지는 여러분이 스스로 생각하고 결정할 일이다. 나는 그 판단의 재료를 제공할 뿐, 찬성도 반대도 하지 않는다.

여러분이 이 책을 읽고 그 후에 자신의 입장을 정하는 것, 그것만이 이 책이 추구하는 바다.

그럼 내용으로 들어가보자.

퀴리 부부가 맞은 비극

퀴리 부부에 관해서는 모두 잘 알고 있을 것이다. 방사성 원소의 연구로 노벨 물리학상을 받은 부부다.

또한 마리 퀴리(1867~1934)는 수상 후에도 연구를 계속하여 노벨 화학상도 받게 된다. 이 두 사람이 없었다면 원자력 연구, 나아가 오늘날과 같은 원자력 시대가 빠르게 막을 열지는 못했을 것이다.

이 책도 퀴리 부부에게 경의를 표하는 의미에서 두 사람의 이야기로 시작하고자 한다.

1906년 4월 19일, 마리는 아침부터 외출을 했다. 그런데 저녁 무렵 집으로 돌아왔을 때 비통한 소식이 그녀를 기다리고 있었다. 남편 피에르

(1859~1906)가 사고로 목숨을 잃었다는 내용이었다.

마차가 오가는 좁은 거리를 걷고 있던 피에르는 마차 바로 앞에서 넘어진 아이를 구하려다 달려오는 마차에 그대로 부딪히고 말았다. 마차에는 6톤이나 되는 짐이 실려 있었고 그는 그 자리에서 숨을 거뒀다고 한다. 여기서 말하는 마리와 피에르가 그 유명한 퀴리 부부다.

마리 스크워도프스카의 성장 과정

퀴리 부인, 본명 마리 스크워도프스카는 1867년 11월 7일 폴란드에서 태어났다. 그녀의 모국 폴란드는 위대한 음악가 쇼팽을 낳은 나라다. 그러나 당시에는 러시아의 지배를 받고 있어 독립국이라 말할 수 없는 상태에 놓여 있었다.

마리의 아버지는 하급 귀족 출신의 교육자였다. 폴란드를 지배하는 러시아는 교육을 하나부터 열까지 간섭하고 있었다. 마리의 아버지는 그 정책을 따르지 않았고 결국 교편과 주거지를 모두 빼앗겼다. 설상가상으로 투자에도 실패하면서 가계는 빠르게 기울어만 갔다.

당시 폴란드 사회는 여성이 고등 교육을 받는 것에 비판적이었기 때문에, 마리는 바르샤바대학에서 보조 교사 아르바이트를 하며 비합법적으로나마 공부의 끈을 놓지 않았다.

그 후 마리는 프랑스로 건너가 파리대학에서 학업을 이어나가게 되는데, 파리대학은 당시 여성에게도 과학 교육의 기회를 주는 몇 안 되는 교육 기관 중 하나였다.

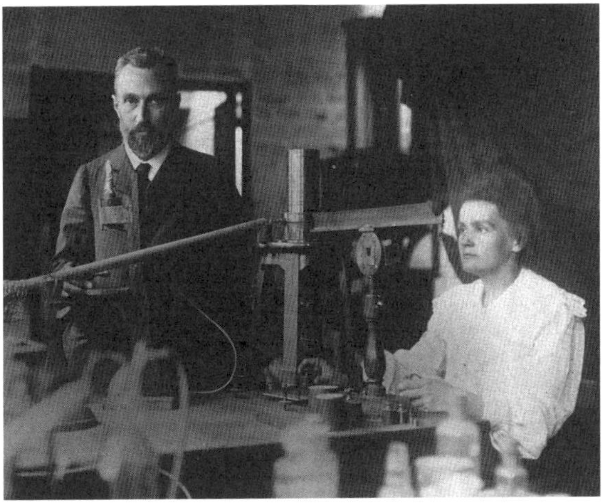

실험실의 퀴리 부부

그 무렵 만나게 된 사람이 바로, 자기와 전하에 관해 연구 중이던 피에르 퀴리였다. 서로에게 끌린 두 사람은 경제적으로 어려운 상황에서도 1895년 결혼을 했으며 친구들에게 축하 선물로 받은 자전거를 타고 파리 교외로 신혼여행을 떠났다고 한다.

'방사능', '방사성 원소'라 이름 붙인 마리 퀴리

퀴리 부부는 난방 설비도 갖추지 못한 건물을 창고 겸 기계실로 빌려 그곳을 실험실 삼아 연구를 시작했다. 두 사람은 1896년에 프랑스 물리학자 앙리 베크렐(1852~1908)이 보고한 '우라늄염이 방사하는 투과력을 가진, X선과 유사한 광선'에 주목했다.

베크렐은 인광(물체에 빛을 쬔 후 빛을 제거해도 장시간 빛을 내는 현상 또

는 그 빛-옮긴이)과 달리 외부 에
너지원이 필요하지 않은 이 광선
은 우라늄(원소기호 U) 자체가 스
스로 방출한다는 사실을 알아냈
지만, 그 정체와 원리는 수수께끼
상태로 방치하고 있었다. 마리와
피에르는 이 연구를 독자적으로
계속하기로 했다.

앙리 베크렐: 퀴리 부부와 함께 노벨 물리학상을
수상한 프랑스의 물리학자

그리고 연구 결과, 샘플의 방사
현상은 우라늄 함유량에만 좌우
될 뿐, 빛이나 온도 등의 외적 요인에는 영향을 받지 않음을 알게 되었다.
다시 말해, 우라늄의 방사는 분자 간의 상호작용으로 발생하는 것이 아니
라 원자 그 자체에 원인이 있음을 가리킨다.

이는 **방사가 원자핵에 기초한 현상**임을 암시하는 것으로, 부부가 밝힌 현상
중에서 가장 중요한 성과라고 할 수 있다.

다음으로 마리 퀴리는 이 현상이 우라늄에서만 볼 수 있는 특성인지를
확인하기 위해 기존의 80종 이상의 원소를 측정하여 토륨(Th)도 동일하게
방사가 나타난다는 사실을 밝혀냈다. 그녀는 **이 결과를 토대로 이들 방사에는
방사능, 이 같은 현상을 일으키는 원소에는 방사성 원소**라는 이름을 붙였다.

원자폭탄, 수소폭탄, 원자로, 원자력 발전, 핵융합로, 방사선 요법과 같이
현대로 이어지는 방사 현상이 밝혀지는 순간이었다.

제 1 장 원자력의 역사는 어떻게 시작되었나?

계속해서 새로운 방사성 원소를 발견

그 후에도 마리 퀴리의 연구 열정은 식지 않았다. 그녀는 계속해서 다양한 광물 샘플의 방사능 연구를 시작했다. 그 결과, 동일한 우라늄 광석이라도 인동우라늄석의 이온화는 우라늄 동일 원소의 2배나 되며 나아가 역청우라늄석은 4배에 이른다는 사실을 알게 되었다.

이는 이 광석들에 우라늄보다 훨씬 더 활발하게 방사 활동을 하는 어떤 물질이 포함되어 있음을 가리킨다.

그래서 1898년 퀴리 부부는 광물 역청우라늄석(피치블렌드)의 분석에 착수하여 새로운 원소를 발견했다. 그리고 그것에 마리 퀴리의 고국 폴란드의 이름을 따서 폴로늄(Po)이라는 이름을 붙였다. 이어 폴로늄보다 더 강한 방사능 배출 원소의 존재를 밝혀내고 그것을 라듐(Ra)이라 불렀다.

하지만 부부의 발표에 학회의 반응은 냉담했다. 물리학회, 화학학회 모두 부부의 연구에 주목하지 않았다.

학계 사람들을 납득시키기 위해서는 순수한 원소를 분리해내야만 했다. 그러나 라듐의 분리는 쉽지 않다. 1톤의 역청우라늄석으로부터 분리 · 정제할 수 있는 라듐염화물은 0.1g에 불과했기 때문이다.

부부는 이러한 연구 결과를 상세하게 학회에 보고했다. 그리고 마침내 그 노력이 결실을 얻어 학회도 방사능과 방사성 원소에 대한 인식을 바꾸었다. 방사성 원소의 동위 원소 발견이나 라듐 붕괴에 따른 헬륨 발생을 인정받게 된 것이다.

이들 부부는 '원소는 불변'이라는 당시 과학계의 사고방식에 변혁을 요구했고, 결과적으로 원자 물리학에 놀라운 진보를 가져왔다.

퀴리 부부는 이러한 공적을 인정받아 20세기 초인 1903년에 노벨 물리학상을 수상했다.

퀴리 부부가 맡은 역할

앞서 언급한 피에르 퀴리의 마차 사고는 노벨상을 받고 몇 년 뒤에 일어난 일이었다. 마리는 남편을 잃고 깊은 슬픔에 빠졌지만 그 아픔을 이겨내고 다시 실험실로 돌아왔다. 그리고 1910년, 마침내 8.5mg(0.0085g)의 순수 라듐 금속을 분리해내는 데 성공했다.

화학학회 역시 이 업적을 무시할 수는 없었다. 마침내 1911년 마리 퀴리에게 두 번째 노벨상인 노벨 화학상이 수여되었다.

마리 퀴리는 1934년 프랑스에서 생을 마감하기까지 모든 열정을 바쳐 연구에 몰두했다. 현재, 그녀의 사인은 장기간의 방사선 피폭에 의한 재생불량성 빈혈로 추정되고 있다. 하지만 당시에는 방사선의 위험성이 잘 알려지지 않았기 때문에, 그녀는 방사성 원소가 든 시험관을 옷 주머니에 넣고 옮겼다고 한다.

마리 퀴리는 백내장에 기인한 실명 상태를 포함해 방사선 피폭에 의한 다양한 질병에 걸렸을 가능성이 크다. 그럼에도 그녀는 방사선 피폭으로 인한 건강 악화에 대해서는 결코 인정하지 않았다고 한다.

자연현상을 이해하고 그것을 이용하려면 두 개의 큰 버팀목이 필요하다. 하나는 자연현상을 발견하기 위한 개척자로서의 실험이고, 다른 하나는 자연현상을 이해하기 위한 이론의 구축이다.

퀴리 부부가 담당한 역할은 다름 아닌 이 개척자 부분이다. 퀴리 부부 덕에 우리는 **'원자력이란 에너지'와 '의료 수단으로서의 방사선'을 얻을 수 있었다.**

마리 퀴리가 죽은 지 60년이 지난 1995년, 퀴리 부부

파리의 판테온: 프랑스에 공헌한 위인들이 묻히는 국립묘지
(출처: M.Romero Schmidtke)

의 업적을 기리기 위해 두 사람의 무덤은 파리의 판테온으로 옮겨졌다. 프랑스 역사가 자랑하는 위인 중 한 사람인 마리 퀴리는 판테온에 모셔진 최초의 여성이었다.

퀴리 부부의 연구는 왜 학회의 인정을 받지 못했을까?

학회가 퀴리 부부의 연구를 무시했다고 하는데 그 이유는 무엇이었을까?

세상에는 물리학회, 화학학회, 생물학회 등 많은 학회가 존재한다. 그리고 연구에 대한 태도, 특히 연구를 평가하는 기준은 매우 다양할뿐더러 시대에 따라서도 달라진다.

당시의 물리학회는 현상을 발견하는 것보다 그 현상이 일어나는 원인과 이론에 중점을 두고 있었다. 다시 말해, 방사선이 나오는 현상 그 자체의 발견보다 그러한 현상이 발생하는 원인, 그 반응 구조를 밝히는 것이 중요했다. 따라서 원인을 해명하지 못한 상태의 연구는 미완성으로 간주하는 풍조였던 것이다.

또한 화학학회 역시 새로운 원소의 발견을 인정하기 위해서는 적어도 그 원소의 원자량을 밝혀내지 못하면 발견으로 간주하지 않는 입장을 고수했음에 틀림없다.

02

20세기의 역사를 연 2대 이론

상대성 이론과 양자론

마리 퀴리가 선구자로 활동한 20세기의 과학은 혁명적인 두 이론으로 막을 열었다. '상대성 이론'과 '양자론'이 그것이다. 상대성 이론은 광속, 중력, 시간 등 우주적 스케일의 현상을 대상으로 하는 이론이다. 그에 반해 양자론은 전자, 원자와 같은 극소립자를 대상으로 하는 이론이다.

마치 정반대로 보이는 대상을 상대로 한 두 이론은 처음에는 전혀 다른 것으로 간주했었다. 그러나 이론이 발전하자 결국 두 이론은 같은 사물과 현상을 대상으로 한다는 사실을 알게 되었다. 다시 말해, 이 거대한 우주는 극소 미립자로 이루어져 있는 것이다.

만능의 뉴턴 역학의 등장

아이작 뉴턴(1643~1727)이 저서 《프린키피아(자연철학의 수학적 원리)》를 저

술하고 역학의 체계를 설명한 시기는 마리가 살았던 20세기 초보다 210년이나 더 전인 1687년의 일이었다.

그 속에서 뉴턴은 당시 알려져 있던 그때까지의 역학의 역사적 유산을 총괄한 다음 '뉴턴의 3법칙'으로 일컬어지는 법칙, 즉 물체의 움직임은 영원히 지속한다는 '관성의 법칙', 힘은 질량과 가속도의 곱이라는 '가속도의 법칙', 작용은 반작용을 낳는다는 '작용·반작용의 법칙'을 밝혀냈다.

《프린키피아》에서 기술한 역학 체계를 일반적으로 '뉴턴 역학'이라 한다. 이 역학 체계는 당시 알려진 모든 역학 현상을 완벽한 동시에 합리적으로 설명했을 뿐 아니라, 그 이후 200여 년간 지구는 물론 천체에서 일어나는 모든 현상을 세세한 부분까지 빠짐없이 설명해주었다.

아이작 뉴턴: 20세기 이전의 평온한 물리학 세계를 210여 년 이상 이끈 뉴턴 역학을 창시

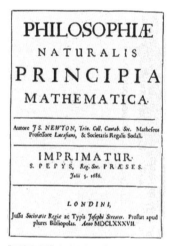

《프린키피아》 초판본 속표지

뉴턴 역학을 거스르는 현상은 물론 설명하기에 조금이라도 어려움이 있는 그 어떤 현상도 발견되지 않았다. 물리학의 세계는 잔물결 하나 일지 않고, 구름 하나 떠다니지 않는 평온 그 자체였다. 세상이 올바르게 신의 섭리를 따르듯이 뉴턴 역학을 따라 움직이고 있었다.

그런데 19세기가 끝나가는 즈음에 관측기기의 정밀도가 높아지면서 관측기술이 향상되자 뉴턴의 역학으로는 설명하기 어려운 현상이 발견되기 시작했다. 당시 물리학계의 모습을 '맑은 푸른 하늘에 한두 개의 흰 구름이 떠 있는 상태'라고 비유한 물리학자가 있었다.

그런데 이 '흰 구름'은 점차 성장해 검게 변했고 마침내 물리학계 전체를 뒤덮을 정도로 발전했다. 그 정체는 전자기학이었다. 그 해명 불가능한 먹구름은 뉴턴 역학으로는 설명하기 어려웠다. 게다가 뉴턴 역학을 대체할 것으로 기대를 모았던 스코틀랜드의 물리학자 제임스 클러크 맥스웰(1831~1879)의 고전 전자기학으로도 완전하게 설명이 되지 않았다.

우주 전체를 대상으로 한 상대성 이론의 탄생

그러던 차에 당시 무명의 물리학자였던 알베르트 아인슈타인(1879~1955)이 갑자기 혜성처럼 나타나 1905년에 '특수 상대성 이론'을 발표했다. '빛보다 빠른 것은 없다'는 논리를 전제로 전개되는 아인슈타인의 이론은 무척 난해했기 때문에 발표 초기에는 물리학자조차 이해할 수 있는 사람이 적었다고 한다.

그러나 특수 상대성 이론은 단지 '이해하기 어려운 이론'으로 정의하고

끝날 것이 아니었다. 이 **특수 상대
성 이론에 따라 예언된 천문 현상이 실
제로 발견된 것**이다.

이렇게 된 이상 다른 방법이 없
었다. 모든 물리학자, 천문학자가
이해하든 이해하지 못하든 아인슈
타인의 이론을 따르지 않을 수 없
게 되었다.

알베르트 아인슈타인: 20세기 최고의 물리학자
로 인정받아 1921년에 노벨 물리학상을 수상

아인슈타인은 1915년에 특수 상
대성 이론을 좀 더 발전시켜 일반화한 '일반 상대성 이론'을 발표했고 이로
써 상대성 이론은 완성되었다.

광속이라는 말도 안 되는 고속을 다루는 상대성 이론은 그 연구 대상을
거대하고 광활한 우주 전체로 확장시켰다. 별의 움직임, 성간을 떠도는 빛,
그곳을 아광속(빛에 가까운 속도)으로 이동하는 인간을 태운 로켓 등등. 이
렇게 상대성 이론은 사람들을 아득히 멀고 끝없는 우주공간에 대한 연구
와 사고실험의 세계로 이끌었다.

우주와 정반대에 있는 원자 구조의 해명

그러나 당시 과학자들의 연구 대상은 천체와 우주만이 아니었다. 웅장하고
거대한 우주와는 정반대라 할 수 있는 극소 미립자의 세계를 연구하는 과
학자도 있었다. 이들 또한 뉴턴 역학만으로는 해석할 수 없는 현상을 발견

하여 고심하고 있었다.

그것은 원자의 구조였다. 당시 원자는 '마이너스 전하를 가진 전자'와 '플러스 전하를 가진 무언가'로 이루어져 있다는 것까지는 알았지만 그 무언가가 어떤 물질인지, '전자와 무언가가 어떻게 결합되어 원자가 되었는지', 이러한 원자 구조에 관해서는 전혀 알 수가 없었다.

일부 과학자는 그 무언가를 '플러스 전하를 가진 전자'로, '같은 개수의 마이너스 전하를 가진 전자'와 '플러스 전하를 가진 어떤 것'이 섞여 있는 것을 원자라고 생각했다. 포타주와 같은 모델로서 일반적으로 '푸딩형 모델'(09 참조)이라 부른다.

또 다른 과학자는 원자의 중심에는 플러스 Z의 전하를 가진 입자가 있고 그 주변을 Z개의 마이너스 1 전하를 가진 입자가 돌고 있는 것으로 생각했다. 행성과 같은 모델이다.

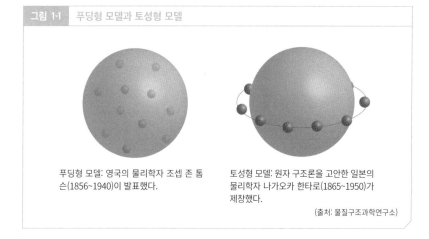

| 그림 1-1 | 푸딩형 모델과 토성형 모델 |

푸딩형 모델: 영국의 물리학자 조셉 존 톰슨(1856~1940)이 발표했다.

토성형 모델: 원자 구조론을 고안한 일본의 물리학자 나가오카 한타로(1865~1950)가 제창했다.

(출처: 물질구조과학연구소)

실험으로 도출한 양자론

이러한 논의 속을 뚫고 나온 하나의 주장이 있었다. 뒤에 상대성 이론과 더불어 현대 양대 이론으로 일컬어질 '양자론'이었다. 그런데 탄생 당시의 양자론은 '론'이라 할 수 있는 것이 아니었다.

토성형 원자 모델과 같은 공상의 원자 모델로, 1913년 실험 사실을 설명하려고 고심에 고심을 거듭하던 덴마크의 물리학자 닐스 보어(1885~1962)의 뇌리를 스친 'nh/2π'라는 암호와 같은 식이었다. 이것이 바로 양자론이 탄생하는 순간이었다. 이 식의 '양의 정수 n'은 후에 '양자수'로 불리게 되었다.

다만 이 식은 '신의 계시'처럼 순간적으로 번뜩인 것이기 때문에 "왜 그렇게 되었나?"라고 물으면 답할 수가 없다. "이렇게 하면 실험에 맞았다"라고만 말할 수 있을 뿐이다.

과학은 실험이 전부다. 실험만이 옳은 사실이다. 이론은 실험을 설명하기 위해 나중에 추가하는 방법에 지나지 않는다.

이론은 '실험을 뒷받침하기 때문에 옳은 것'이지 '뒷받침되지 않으면 버려질 뿐'이다. 상대성 이론 덕에 뉴턴 역학도 버려질 뻔했다. 하지만, 다행히도 일상적인 역학 현상을 설명하는 정도라면 뉴턴 역학으로도 충분할 것이고, 그편이 간단하기 때문에 지금도 사용되고 있다.

그건 그렇고 양자론이 탄생하게 된 경위야말로 그렇게 선명한 것은 아니었지만, 그 후 엘빈 슈뢰딩거(1887~1961), 루이 드 브로이(1892~1987), 폴디락(1902~1984) 등 여러 명의 천재적 과학자들 덕에 무럭무럭 자라 현재의 '양자론'으로 성장한 것이다.

그 점은 처음부터 천재로 태어나 혜성
처럼 나타난 상대성 이론과는 큰 차이가
있다.

닐스 보어: 양자역학의 선구가 된 이
론물리학자

03

E=mc²은 거대 에너지를 나타낸다

에너지·질량·광속의 관계

상대성 이론은 '고속으로 비행하는 물체는 길이가 줄어든다'라거나 '고속 로켓을 타고 있으면 나이를 먹지 않는다'라는 등 여러 가지 기상천외한 결론을 도출하여 전 세계를 놀라게 했다.

그중 하나가 'E=mc²' 식이다.

아인슈타인이 말하는 것은 간단하다

현대 과학에서 가장 유명한 식을 꼽자면 E=mc²일 것이다. 이 식은 1905년에 아인슈타인이 발표한 '특수 상대성 이론'에서 제시한 것으로, 그의 이름을 따라 '아인슈타인 식'이라 부른다.

여기서 E는 에너지(J=joule)를, m은 질량(kg)을, c는 광속(초속 3×10^8m)을 나타낸다.

언뜻 보기에는 '이보다 더 단순한 식은 없지 않을까?' 하고 생각될 만큼 단순한 식이다. 그럼 이 식은 무엇을 의미할까? 간단하다. '에너지 E'는 '질량 m'(무게)에 '광속 c의 제곱(c²)'을 곱한 것과 같다고 말하는 것이다.

다시 말해, **에너지는 무게가 되고, 무게는 에너지가 되고 그때의 계수가 '광속의 제곱'**이다. 질량(무게)은 물질의 본질과 같다고 할 수 있다. 과거에 물질은 유한한 질량과 부피를 가지고 있으며, 이것을 가지지 않은 존재는 '정신이나 유령'이라 생각했다.

그런데 아인슈타인이 나타나 **질량과 에너지는 동일하며 호환성이 있다**고 말한 것이다.

석탄 1g이 석탄 4,000톤과 동일한 에너지를?

"질량과 에너지가 같다고 하는데 선뜻 이해되지 않습니다. 무언가 예를 들어줄 수 없을까요?"

이러한 질문이 들리는 것 같다. 사실 여기서 그 예를 소개하기 위해 준비했다. 이 호환성이 어느 정도인지 실제로 계산해서 확인해보자.

아인슈타인의 식에서 m은 질량이며 물질의 종류는 특정하지 않았다. 따라서 물질은 석유든 우라늄이든 빵이든 공기든 그 무엇이든 상관없지만 이해하기 쉽게 석탄으로 해보자.

석탄 1g이 그대로 에너지로 대체되면 다음과 같다.

$$E = mc^2 = (1 \times 10^{-3}) \times (3 \times 10^8)^2 = 9 \times 10^{13} (\text{J})$$

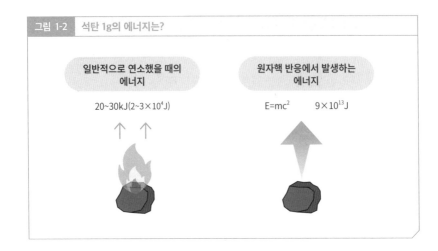

그림 1-2 석탄 1g의 에너지는?

일반적으로 연소했을 때의
에너지

$20\sim30kJ(2\sim3\times10^4J)$

원자핵 반응에서 발생하는
에너지

$E=mc^2$ $9\times10^{13}J$

일반적으로 석탄 1g이 연소할 경우 연소열로서 생성되는 에너지는 석탄
의 종류에 따라 다르지만 1g당 20~30kJ, 다시 말해 $2\sim3\times10^4J$이다.

따라서 석탄 1g이 온전히 에너지로 변하면 석탄 3,000~4,000톤이 연소
한 경우와 같은 정도의 에너지가 발생하게 된다.

연소라는 화학 반응에서 발생하는 에너지와 비교했을 때 훨씬 크다는
것을 알 수 있다. 이것이 나중에 살펴볼 원자핵 반응에서 발생하는 에너지,
즉 원자력이다.

흔들리는 질량 보존의 법칙

에너지의 본질과 그 이용을 연구하는 분야 중에 과거에는 로버트 보일과
잭 샤를에 의해, 새롭게는 맥스웰 등에 의해 규명된 '열역학' 분야가 있다.
이것은 물리학뿐 아니라 화학과도 밀접한 관련이 있어, 그 분야만을 따로

그림 1-3 질량 보존의 법칙

A

화학 변화 전

H O H   H O H

물

O 산소원자×2

H 수소원자×4

B

화학 변화 후

HH   HH   O O

수소＋산소

O 산소원자×2

H 수소원자×4

화학 변화 후에도 물질의 총합은 변하지 않는다

질량 보존의 법칙

떼어내 '화학 열역학'이라는 연구 분야가 확립되어 있다.

열역학에는 유명한 법칙이 3가지가 있다. 그것을 묶어서 '열역학의 3대 법칙'이라 한다. 그중에 '열역학 제1법칙'이 가장 잘 알려져 있다.

이 법칙은 '질량 보존의 법칙' 혹은 '질량 불멸의 법칙'이라고도 한다. 내용을 보면, 열과 물질이 들고 나지 않고 외부와 접촉이 없는 '고립계'의 반응에서는 **화학 변화(화학 반응) 전후로 질량의 총합은 변하지 않는다**'라는 법칙이다. 간단하게 말하면, 화학 반응식 A→B에서 좌변과 우변 사이에 질량의 차이가 없다는 주장이다.

이 법칙은 '제1법칙'으로 불리는 만큼 오랫동안 우주의 절대법칙으로 신뢰를 받아왔다. 그러나 질량과 에너지의 상호 변환이 일어난다고 밝혀진 이상, 이대로 있을 수는 없다.

질량과 에너지는 등가이므로 질량은 에너지를 포함하고 에너지는 질량을 포함한다는 사실을 이해하고도 변함없이 '질량 보존의 법칙'이라고 할지, 아니면 '에너지 보존의 법칙'이라고 할지, 고민이 되는 부분이다.

따라서 혼동을 피하기 위해 '열역학 제1법칙'이라 하고 '질량과 에너지의 총합은 변하지 않는다'라고 말하면 좋지 않을까?

주기율표에 관한 기본 지식

주기율표……주기율표는 원소를 원자번호 순서대로 배열하고 반복되는 주기적 화학적 성질에 따라 배열한 표다. 현재 주기율표에는 118개의 원소가 수록되어 있는데 지구상 자연계에 존재하는 원소는 우라늄까지고, 그 이상의 큰 원소는 인공 원소다. 원자와 원소의 차이에 관해서는 6장 마지막의 '원자력의 창'을 참고하자.

족(group)……주기율표 위에 1~18의 숫자가 적혀 있는데 이것은 원소의 '족'을 나타낸다. 예컨대 숫자 1 아래에 있는 원소를 1족 원소라 부른다.

주기(period)……표의 좌우에 1~7의 숫자가 세로로 나열되어 있는데 이것은 원소의 '주기'를 나타내며, 원자의 크기에 해당한다. 원소의 주기는 09에서 볼 전자 배치에 해당하는 것으로 1주기 원소는 가장 바깥 껍질 전자가 양자수=1인 전자 껍질(K껍질)에 들어가고, 2주기 원소는 양자수=2인 L껍질에 들어간다.

족\주기	1	2	3	4	5	6	7	8	9	10	11	12	13	14	15	16	17	18
1	1H 수소 1.008																	2He 헬륨 4.003
2	3Li 리튬 6.941	4Be 베릴륨 9.012											5B 붕소 10.81	6C 탄소 12.01	7N 질소 14.01	8O 산소 16.00	9F 플루오린 19.00	10Ne 네온 20.18
3	11Na 나트륨 22.99	12Mg 마그네슘 24.31											13Al 알루미늄 26.98	14Si 규소 28.09	15P 인 30.97	16S 황 32.07	17Cl 염소 35.45	18Ar 아르곤 39.95
4	19K 칼륨 39.10	20Ca 칼슘 40.08	21Sc 스칸듐 44.96	22Ti 타이타늄 47.87	23V 바나듐 50.94	24Cr 크로뮴 52.00	25Mn 망가니즈 54.94	26Fe 철 55.85	27Co 코발트 58.93	28Ni 니켈 58.69	29Cu 구리 63.55	30Zn 아연 65.38	31Ga 갈륨 69.72	32Ge 저마늄 72.63	33As 비소 74.92	34Se 셀레늄 78.97	35Br 브로민 79.90	36Kr 크립톤 83.80
5	37Rb 루비듐 85.47	38Sr 스트론튬 87.62	39Y 이트륨 88.91	40Zr 지르코늄 91.22	41Nb 나이오븀 92.91	42Mo 몰리브데넘 95.95	43Tc 테크네튬 (99)	44Ru 루테늄 101.1	45Rh 로듐 102.9	46Pd 팔라듐 106.4	47Ag 은 107.9	48Cd 카드뮴 112.4	49In 인듐 114.8	50Sn 주석 118.7	51Sb 안티모니 121.8	52Te 텔루륨 127.6	53I 아이오딘 126.9	54Xe 제논 131.3
6	55Cs 세슘 132.9	56Ba 바륨 137.3	57~71 란타넘족	72Hf 하프늄 178.5	73Ta 탄탈럼 180.9	74W 텅스텐 183.8	75Re 레늄 186.2	76Os 오스뮴 190.2	77Ir 이리듐 192.2	78Pt 백금 195.1	79Au 금 197.0	80Hg 수은 200.6	81Tl 탈륨 204.4	82Pb 납 207.2	83Bi 비스무트 209.0	84Po 폴로늄 (210)	85At 아스타틴 (210)	86Rn 라돈 (222)
7	87Fr 프랑슘 (223)	88Ra 라듐 (226)	89~103 악티늄족	104Rf 러더포듐 (267)	105Db 더브늄 (268)	106Sg 시보귬 (271)	107Bh 보륨 (272)	108Hs 하슘 (277)	109Mt 마이트너륨 (276)	110Ds 다름슈타튬 (281)	111Rg 뢴트게늄 (280)	112Cn 코페르니슘 (285)	113Nh 니호늄 (278)	114Fl 플레로븀 (289)	115Mc 모스코븀 (289)	116Lv 리버모륨 (289)	117Ts 테네신 (293)	118Og 오가네손 (294)

란타넘족

57La 란타넘 138.9	58Ce 세륨 140.1	59Pr 프라세오디뮴 140.9	60Nd 네오디뮴 144.2	61Pm 프로메튬 (145)	62Sm 사마륨 150.4	63Eu 유로퓸 152.0	64Gd 가돌리늄 157.3	65Tb 터븀 158.9	66Dy 디스프로슘 162.5	67Ho 홀뮴 164.9	68Er 어븀 167.3	69Tm 툴륨 168.9	70Yb 이터븀 173.0	71Lu 루테튬 175.0

악티늄족

89Ac 악티늄 (227)	90Th 토륨 232.0	91Pa 프로트악티늄 231.0	92U 우라늄 238.0	93Np 넵투늄 (237)	94Pu 플루토늄 (239)	95Am 아메리슘 (243)	96Cm 퀴륨 (247)	97Bk 버클륨 (247)	98Cf 캘리포늄 (252)	99Es 아인슈타이늄 (252)	100Fm 페르뮴 (257)	101Md 멘델레븀 (258)	102No 노벨륨 (259)	103Lr 로렌슘 (262)

원소기호
원자번호 · 원소명
원자량

1H 수소 1.008

상온(25℃), 1013hPa에서의 홑원소물질의 상태
기체 · 액체 · 고체 (102번 이후의 형태는 불명)

제2장

원자핵 반응을
이용하면
에너지 문제가
해결될까?

화학 에너지와
재생 가능 에너지

각각의 문제점

인간에게 에너지란?

태양 에너지, 화력·풍력·수력 에너지 등등 자연계는 에너지로 가득하다.
인간과 동물의 차이는 이 에너지를 이용할 수 있는가, 그렇지 못한가 하는
점에 있다.

인간은 20세기에 들어 원자력이라는 새로운 에너지를 손에 넣었다. 이
에너지를 어떻게 이용하고 있을까?

현대를 사는 우리가 보기에 자연계는 앞서 언급한 바와 같이 에너지의
보고라 할 수 있다. 쉽게 알 수 있는 예만 해도 태양광 에너지, 수력·풍력
에너지, 번개의 전기 에너지, 지열을 이용한 화산 에너지 등이 있다. 위치
에너지만 해도 지구의 인력에 기초한 에너지다.

이처럼 에너지는 도처에 잠재하고 있다.

인간은 역사의 초기부터 에너지를 이용하며 생활해왔다. 그중 하나로 식재료를 익히고, 어둠을 밝히고, 추위를 견디기 위해 불을 지폈다. 이 시기의 화력은 오직 목재를 태워 발생하는 **화학 에너지, 다시 말해 반응 에너지인 연소 에너지**였다.

마침내 배 등의 동력으로 수력, 풍력을 이용하게 되었고, 바이오 에너지의 하나라 할 수 있는 가축의 힘도 소중한 에너지로서 운반과 농경 등에 이용했다.

그리고 **19세기에 들어서는 전기 에너지가 에너지의 중심**에 놓이게 되었다. 현대 사회가 전력 없이 성립되지 않음은 명백한 사실이다.

화석 연료의 주역은 석탄에서 석유로

18세기에 들어서자 영국을 계기로 유럽에는 산업혁명의 폭풍이 불어닥쳤다. 완전히 새로운 개념에 기초한 기계 생산 체제가 도입되자, 그때까지 목재 연소 에너지나 가축 에너지를 이용한 가내 공업 성격의 생산 체제로는 수요를 따라잡을 수 없게 되었다.

그때 주목한 대상이 석탄이었다. 석탄은 중량당 에너지 생산량이 목재와는 비교할 수 없을 정도로 높았다. 그래서 영국을 비롯한 세계 연료 에너지 자원의 가치가 한순간에 석탄으로 기울었다.

석탄은 태고 시대에 무성했던 삼림의 수목이 수명을 다한 후 땅속에 파묻혀 지압과 지열에 의해 탄화, 석화한 물질이다. 일반적으로 화석 연료라한다. 석탄은 대량 생산이 가능한 연료지만 고체인 만큼 그 취급에 불편함이 있었는데, 같은 화석 연료인 석유와 천연가스가 발견되면서 이를 사용하게 되었다.

액체인 석유, 기체인 천연가스는 고체인 석탄에 비해 다루기가 훨씬 쉽고 편리하다. 그중에서도 석유는 편리성이 더욱 뛰어나다. 석유를 증류 정제해서 얻은 가솔린, 등유, 중유는 시대의 연료로 크게 사랑받아왔다.

현대에 와서 휘발유는 자동차나 항공기의 연료, 등유는 가정의 난방용 연료, 중유는 디젤 엔진 자동차와 선박용 연료로서 없어서는 안 될 필수품이 되었다. 이렇게 20세기 중반에 들어서는 3종의 화석 연료, 즉 석탄, 석유, 천연가스 중에 석유가 차지하는 비중이 월등하게 증가했다.

화석 연료의 문제점이 드러나다

그러나 시간이 흐르면서 만능으로 여겼던 화석 연료에 예상하지 못한 단점이 있음을 알게 되었다.

❶ 공해

1970년대, 일본 열도는 공해 문제로 몸살을 앓았다. 공해의 원인은 다양했지만 에너지와 관련된 사건으로는 '욧카이치 천식'이 있다.

이 집단 천식은 일본의 미에현 욧카이치시에 새롭게 조성된 공업단지, 욧카이치 콤비나트의 공장에서 배출한 매연 때문에 발병했다. 문제의 주범은 황산화물(SOx)이었다고 한다.

다행히 공장이 설치한 배연 탈황 장치가 효과를 발휘해 현재 욧카이치 천식은 종식되었다.

❷ 지구 온난화

현재 인류 앞에 닥친 지구 온난화 문제는 화석 연료가 연소할 때 발생하는 이산화탄소가 주요 원인이다. 이대로 화석 연료를 계속 사용하면 해수의 팽창으로 이번 세기말에는 해수면이 50cm 상승할 것으로 예상한다. 그뿐만 아니라 최근에는 심각한 기후변화로 세계 각지에서 홍수와 고온 현상이 발생하고 있다.

❸ 매장량

화석 연료는 이산화탄소를 발생시키는 문제도 안고 있지만, 또 다른 문제는 매장량이 한정되어 있다는 점이다.

현재 존재가 확인된 연료를 현재의 속도로 채굴·사용했을 때 앞으로 몇 년 더 사용할 수 있을까? 이를 나타내는 가채연수가 **석탄은 130년, 석유와 천연가스는 각각 50년**이라고 한다.

원자력 연료인 우라늄도 가채연수를 계산하면 앞으로 70년이라 한다.

무궁무진한 재생 가능 에너지

이처럼 여러 가지 난제를 내포하고 있는 화석 연료의 사용을 자제해야 한다는 목소리가 커지고 있다. 다만 화석 연료를 사용하지 않고 어떻게 에너지를 조달할 것인가, 하는 문제가 있다.

이 화석 연료를 대체할 대체 에너지로는 **원자력(핵에너지)과** 재생 가능 에너지**가 주목을 받고 있다.** 원자력은 이 책의 주요 파트인 다음 장에서 자세히 다루기로 하고 여기서는 재생 가능 에너지에 대해 살펴보도록 한다.

재생 가능 에너지란 말 그대로 '사용해도 재생할 수 있는 에너지'뿐 아니라 '사용해도 줄지 않는 에너지'를 포함해서 일컫는다.

재생할 수 있는 대표적인 에너지로는 목재(신탄)가 있다. 이것은 불에 타면 이산화탄소가 되지만 어린나무가 그것을 흡수하여 광합성을 하고 다음 목재로 성장한다. 이렇게 이산화탄소는 목재로 재생된다.

이 밖에도 사용해도 줄지 않는 에너지는 많다. **수력, 풍력이 그 대표적인 것이며 태양에서 도달하는 열과 빛도 무한**하다고 해도 좋다. 아니 오히려 수력, 풍력은 태양 에너지의 변형이라고 생각할 수 있다.

지구 내부의 맨틀에 저장된 열, 즉 지열도 무궁무진한 에너지다. 조력은 달과 지구 사이의 인력에 기초한 에너지이기 때문에 이 또한 무한하다.

재생 가능 에너지의 문제점

재생 가능 에너지는 무한하게 사용할 수 있고 환경을 더럽히지도 않지만 장점만 있는 것은 아니다.

❶ 수력 발전

수력을 이용하는 가장 좋은 방법은 수력 발전인데, 이를 위해 건설하는 **댐은 심각한 환경 문제**를 야기한다.

거대한 댐 건설 때문에 마을이 수몰되기도 하고 댐으로 인해 하류의 물이 마르는 등 자연환경이 크게 변화하고 결국 환경 파괴로 이어진다. 댐의 거대한 중량 탓에 지반에 변화가 생겨 지반 침하 현상도 발생한다.

한편 상류에서 쏠려오는 토사가 댐을 메우기 때문에 준설을 반복하지

구로베댐(도야마현): 1963년에 완성된 일본에서 가장 큰 댐이다. 수력 발전 전용이다.

않으면 결국 댐은 무용지물이 되고 만다. 게다가 만에 하나라도 댐이 붕괴하면 짐작도 할 수 없을 만큼 큰 피해를 입게 된다.

② 자연 에너지

태양광 발전, 풍력 발전 등 날씨에 의존하는 에너지는 발전량이 날씨에 달려 있다. 비가 오면 태양광 발전은 작동하지 않으며, 바람이 불지 않거나 반대로 태풍과 같이 강한 바람이 불 때는 풍력 발전도 작동하지 않는다.

이러한 불안정한 전력을 사용할 경우에는 고효율의 대용량 축전지 개발이 필수적인 과제다. 또 태양전지로 대량의 전력을 얻기 위해서는 광대한 면적이 필요하기 때문에 숲의 벌목을 피할 수가 없다. 이것은 홍수의 원인이 되기도 한다.

네덜란드 플레볼란트주의 풍력터빈(Shutterstock.com)

풍력 발전의 거대한 풍차는 붕괴의 우려와 저주파 공해 문제로 인가 부근에는 설치가 어렵다. 그리고 얕은 해안이 적은 나라에서는 해상 설치가 어려워 대부분은 뗏목식의 해상 부유형을 선택해야 하는데 그 경우 설치·유지에 고액의 비용이 필요하다.

❸ 바이오 에너지

현재 실용화된 바이오에탄올은 옥수수를 알코올 발효시킨 것이다. 중남미 국가에서 주식으로 하는 옥수수를 태워 에너지로 만드는 것은 윤리적인 면에서도 문제가 있다.

셀룰로오스 미생물 분해를 이용한 글루코스 생성, 음식물 쓰레기나 분뇨의 이용 등을 고려해야 할 것이다.

05

현대 사회에 필요한 폭발 에너지와 폭약

화학 폭약의 탄생

'폭약'이라고 하면 전쟁이나 사고가 연상되어 위험하다는 이미지가 있지만 폭약은 현대 사회에 필요한 물질이다.

현대 과학 산업에 필수적인 희소 금속, 희토류 혹은 귀금속을 광산에서 채취하기 위해 폭약이 없어서는 안 된다. 과거 금광을 채굴하던 인력으로는 어림도 없는 작업이다. 1869년에 완성된 수에즈 운하는 인부들이 삽과 곡괭이를 이용해 건설했다. 그러나 1881년에 착공한 파나마 운하는 실패하고 말았다.

열대 특유의 질병인 말라리아와 황열로 공사 인부가 쓰러진 것이다. 파나마 운하는 1914년에 완성되었지만, 이는 그 무렵 개발·사용되었던 폭약, 다이너마이트가 있어 가능했다.

'공기로 빵을 만든 남자' 하버와 보슈

폭발은 간단히 말해 매우 빠른 연소라 할 수 있다. 중국에서 발명한 화약은 현재의 흑색 화약으로, 이것은 숯(C), 황(S), 초석(질산칼륨·KNO_3)의 혼합물이었다. 이 중에 숯과 황은 연료이고 초석은 산소 공급제였다. 폭약의 빠른 연소를 위해서는 공기에서 자연적으로 공급되는 산소만으로는 부족하다.

그러나 천연 초석은 그 양이 많지 않아 과거에는 병사의 소변에서 요소(CH_4N_2O)를 추출해 만들었다. 다시 말해 쌓아 올린 짚에 병사들이 소변을 누면 그것을 질산균으로 발효시켜 질산이 만들어지고, 그 짚을 냄비에서 삶아 짚에 포함된 칼륨과 질산을 반응시켜 질산칼륨의 결정을 얻었다고 한다.

당연히 그 작업은 엄청난 악취를 풍겼기 때문에 근세 프랑스 왕국의 부르봉 왕조(1589~1792·1814~1830)에서는 작업 인부에게 특별 보수를 주었다고 한다. 때문에 전쟁이 시작되면 처음에는 요란하게 서로를 향해 쏘아대다가도 어느덧 질산칼륨이 떨어지면 외교 교섭을 통해 전쟁을 멈추었다. 과거에는 큰 규모의 전쟁은 일어날 수가 없었던 것이다.

그런데 20세기 초, 독일의 두 과학자 프리츠 하버와 칼 보슈가 공기 속의 질소(N_2)와 물을 전기분해하여 얻은 수소(H_2)로 암모니아(NH_3)를 합성하는 기술(하버·보슈법)을 개발했다.

암모니아로 질산(HNO_3)을 만들기는 쉽다. 질산과 칼륨을 반응시키면 질산칼륨이 된다. 질소와 칼륨은 식물의 3대 영양소 중 두 가지다. 다시 말해

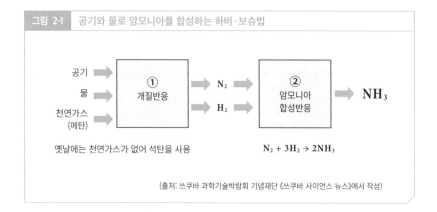

그림 2-1 공기와 물로 암모니아를 합성하는 하버·보슈법

공기
물
천연가스
(메탄)

① 개질반응

N_2
H_2

② 암모니아 합성반응

NH_3

옛날에는 천연가스가 없어 석탄을 사용

$N_2 + 3H_2 → 2NH_3$

(출처: 쓰쿠바 과학기술박람회 기념재단《쓰쿠바 사이언스 뉴스》에서 작성)

질산칼륨은 폭약인 동시에 우수한 화학 비료다.

그리고 질산과 암모니아를 반응시키면 질산암모늄(NH_4NO_3)이 된다. 나중에 밝혀졌지만 질산암모늄은 우수한 질소 비료임과 동시에 폭발력이 강한 폭약이기도 했다.

이 덕에 두 사람은 '공기에서 빵을 만든 남자'라는 최대의 찬사와 함께 노벨상을 수상했다.

제조법이 간단해진 화학 폭약

질산은 1분자 중에 3개의 산소 원자를 포함하고 있어 산소 공급에 안성맞춤인 분자다. 그래서 다이너마이트의 원료인 니트로글리세린, 폭탄의 폭약이며 폭약의 표준품인 트라이나이트로톨루엔(TNT)은 질산을 사용해 만든다. 그리고 질산은 하버·보슈법으로 합성한 암모니아로 만든다.

하버·보슈법은 공기로 빵뿐 아니라 폭약까지 만드는 기술이었다.

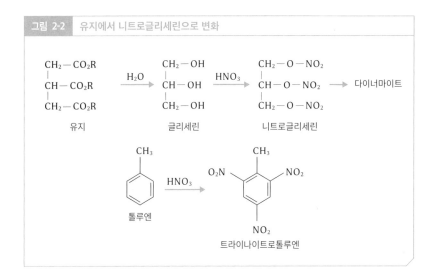

그림 2-2 유지에서 니트로글리세린으로 변화

유지 → 글리세린 → 니트로글리세린 → 다이너마이트

톨루엔 → 트라이나이트로톨루엔

그 이후 폭약은 끝없이 만들 수 있게 되었다. 제1차 세계대전에서 독일군이 사용한 폭약의 대부분은 하버·보슈법으로 만들었다는 설도 있다.

질산암모늄(질산염)은 우수한 화학 비료이지만 큰 폭발로도 잘 알려져 있다. 1921년 독일 오파우에서 발생한 폭발 사고에서 사망 509명, 실종 160명, 부상 1,952명이 나왔다고 한다.

그 뒤에도 질산염으로 인한 대폭발은 계속되었는데, 최근 2015년에 중국 톈진에서 발생한 폭발 사고 역시 질산염 때문이라고 한다. 이 사고로 사망 165명, 실종 8명, 부상 798명이나 되는 사상자가 발생했다.

게다가 2008년경에 연달아 일어난 여러 건의 자동차 에어백 사고에서도 질산염을 폭약으로 사용했다고 한다. 에어백은 사고와 동시에 팽창해야 하므로 그러기 위해서는 폭약으로 부풀게 할 필요가 있다.

지금까지는 광산이나 토목공사 등에서 민간용 폭약으로 다이너마이트를 주로 사용했지만, 현재는 질산염을 기본으로 한 안포폭약(질산암모늄연료유 폭약)이 주류를 이루고 있다.

06

원자력 에너지 이용: 핵분열 반응은 어디에 사용되었는가?

원자폭탄의 구조

아인슈타인의 식은, 원시 인류 이래로 인류가 역사상 수백만 년 이상을 사용해온 불을 대체할 수 있는 새로운 에너지의 가능성을 열었다.

마침 그 무렵 퀴리 부부를 비롯한 화학자들의 노력으로 라듐(Ra), 폴로늄(Po), 우라늄(U) 등의 방사성 원소가 발견되었다.

이로써 '원소는 불변의 존재'라는 그때까지의 상식에 변화가 생겼다. **원소 역시 반응하여 다른 원소로 변화하며 이때 방사선 등의 고에너지체를 방출한다**는 사실이 밝혀진 것이다. 그 결과 원자핵 에너지를 이용할 수 있는 길이 보이기 시작했다.

원자핵 에너지를 어디에 사용했나

그런데 인류가 최초로 사용한 원자핵 에너지, 즉 원자력은 대량 학살과 대규모 파괴에 사용되었다. 그것이 원자폭탄이다.

1905년 아인슈타인의 식 'E＝mc²'이 발표되었다. 그리고 일본의 히로시마와 나가사키에 원자폭탄이 투하된 해는 1945년이었다. 불과 40년 사이에 발생한 일이다. 나라여자대학 명예 교수인 수학자 오카 기요시는 다음과 같이 말했다.

"직업으로 비유했을 때 농부가 수학에 가장 가깝다고 할 수 있다. 씨를 뿌리고 키우는 일을 하며 … (중략) … 수학자는 씨앗을 선택하고 나면 그 다음은 성장을 지켜볼 뿐 … (중략) … 이에 비해 이론물리학자는 오히려 목수에 가깝다. 그들의 일은 사람이 만든 재료를 조립하는 것이며, 그 독창성은 가공에 있다. 이론물리학은 드 브로이와 아인슈타인이 연달아 노벨상을 받은 1920년대부터 급속도로 발전했다. 그리고 불과 30년도 채 안된 1945년에는 원자폭탄을 완성해 히로시마에 투하했다. 이런 과격한 일은 목수이기 때문에 가능한 일이었다. 도무지 농부가 할 수 있는 일이 아니다."《수학자의 공부》중에서)

이 말은 정확히 체현한 사실이었다. 아인슈타인 식이 발표된 이후로 단 40년 만에 원자로를 만들었으며 인공 원소 플루토늄(Pu)을 만들고 그것을 폭약으로 원자폭탄을 만들었다. 원자폭탄을 만들어 폭발을 겪고 나서야 잘못된 일임을 알았지만 소 잃고 외양간 고치는 격이었다. 현대 과학의 일대 오점이라고 해도 좋을 것이다.

아인슈타인의 식은, **반응으로 질량 m의 물질이 소멸하면 그 대신 mc²의 에너지가 발생**하는 현상을 나타낸다. 이 질량이 소멸하는 현상을 '질량결손'이라

　제 2 장 원자핵 반응을 이용하면 에너지 문제가 해결될까?

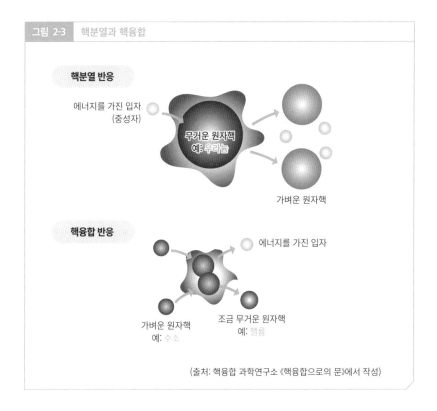

그림 2-3 핵분열과 핵융합

핵분열 반응

에너지를 가진 입자
(중성자)

무거운 원자핵
예: 우라늄

가벼운 원자핵

핵융합 반응

에너지를 가진 입자

가벼운 원자핵
예: 수소

조금 무거운 원자핵
예: 헬륨

(출처: 핵융합 과학연구소《핵융합으로의 문》에서 작성)

한다. 이 질량결손은 우라늄과 같은 큰 원자핵이 깨져 작아질 때(핵분열), 그리고 이와는 반대로 수소와 같이 작은 원자핵이 2개 융합하여 큰 원자핵이 될 때(핵융합) 일어난다.

인류는 이 두 현상 모두를 대량학살 무기에 이용했다. 바로 원자핵을 이용한 핵폭탄이 그것이다. **핵폭탄은 핵분열을 이용하는 원자폭탄과 핵융합을 이용하는 수소폭탄**이 있다.

핵분열 반응을 어떻게 이용했는가?

핵분열을 이용해 가장 먼저 만든 것은 바로 원자폭탄이었다. 폭탄은 일반적으로 철제 용기에 폭발물을 넣은 것이다. 원자폭탄도 마찬가지다. 그 용기를 만들기는 어렵지 않다. 문제는 폭발물이다. 특히 원자핵 반응을 이용한 핵폭탄은 폭발물 생성에 문제가 있다.

원자에는 다음 장에서 살펴볼 동위 원소의 문제가 있는데, 원자핵 반응에서 이 동위 원소는 큰 의미를 가진다. 원자폭탄은 우라늄의 동위 원소인 우라늄 235(^{235}U)나 플루토늄(Pu)의 동위 원소인 플루토늄 239(^{239}Pu)를 폭발물로 사용한다.

이 중에서 우라늄만 자연계에 존재하는 원소고, **플루토늄은 우라늄을 원자로에 넣고 원자핵 반응을 일으켜 만드는 인공 원소다.**

❶ 원자폭탄의 구조

다음 장에서 보겠지만, 우라늄과 플루토늄에는 임계 질량이 있다. 일정량을 초과하는 괴(塊)를 만들면 **우라늄과 플루토늄이 자연 폭발하게 되는데 이것이 바로 임계 질량이다.** 이 사실만 알면 원자폭탄 제조는 간단하다.

지금으로부터 50년도 더 전에, 그러니까 아직 인터넷이 없던 시대에 매사추세츠공과대학교(MIT)의 학부생이 방학 중 자유연구과제로 원자폭탄의 설계도를 만들어 군 당국을 놀라게 한 적이 있다.

원자폭탄은 우라늄 폭발 장치가 있는 용기와 폭발물에 해당하는 우라늄을 결합시킨 것이다. MIT 학생이 설계한 것은 용기 쪽이었다. 용기를 만드는 것은 간단하다. 눈치 빠른 업계 공장이라면 일주일이면 만들 수 있을 것이다.

문제는 폭약인 우라늄이다.

원자폭탄은 핵 폭약의 차이에 따라 두 종류로 구분한다. 하나는 우라늄 235(^{235}U)를 사용하는 우라늄형으로, 히로시마에 투하된 리틀보이가 여기에 속한다. 또 다른 하나는 인공 원소인 플루토늄 239(^{239}Pu)를 사용하는 것으로, 나가사키에 투하된 팻맨이 있다.

원리 차원에서 보면 원자폭탄의 구조는 간단하다. **임계 질량의 우라늄 괴를 소량으로 분리해두었다가 폭발시키고 싶을 때 그것을 합체**시키기만 하면 된다. 그러면 임계 질량을 초과한 우라늄은 저절로 폭발을 일으킨다.

② 리틀보이의 구조

이 구조는 일반적으로 건배럴(포신형)이라고 한다. 원리를 따른 간단한 구조다. 그림 2-4와 같이 핵물질을 임계 질량의 절반만 분리해 설치하고 각각의 뒤에 화학 폭약을 설치해두었다가 이를 폭발시킨다. 그러면 우라늄 괴가 합체하여 임계 질량이 된다.

하지만 이 구조는 플루토늄에는 사용할 수 없을뿐더러 소형화하기가 쉽지 않았다.

③ 팻맨의 구조

이것은 폭축형이라 하는데 분리시켜놓았던 핵물질을 구의 형태로 단단히 굳히는 방법이다. 플루토늄에 대응할 수 있기 때문에 현대의 원자폭탄은

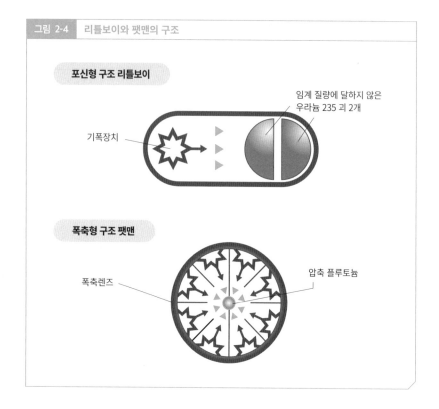

그림 2-4 리틀보이와 팻맨의 구조

포신형 구조 리틀보이

기폭장치

임계 질량에 달하지 않은
우라늄 235 괴 2개

폭축형 구조 팻맨

폭축렌즈

압축 플루토늄

모두 이 방식으로 되어 있다.

이 구조는 상당히 복잡하다. 수학의 천재라고 불린 존 폰 노이만의 그룹에서도 계산에 10개월이 걸렸다고 한다. 그도 그럴 것이 당시에는 전자계산기가 없었으니 말이다.

❹ 폭발력

폭탄에는 수류탄처럼 소형에서부터 1톤에 달하는 대형 폭탄에 이르기까지 그 종류가 매우 다양하다.

핵폭탄의 폭발력 크기는 화학 폭약인 트라이나이트로톨루엔(TNT)의 폭발력으로 환산해 나타낸다.

실제로 투하된 원자폭탄을 보면, 히로시마에 투하된 ^{235}U를 이용한 리틀보이형에서는 순수 ^{235}U 환산으로 약 60kg을 사용했는데 그중 실제로 핵분열을 일으킨 양은 1.09kg이라고 한다. 그런데 그 폭발력은 15킬로톤(kt), 다시 말해 TNT 화약 1만 5,000톤 분량이었다고 한다.

한편 나가사키에 투하된 팻맨형에서 사용한 ^{239}Pu는 6.2kg이며 폭발력은 21킬로톤이었다고 한다. 이 플루토늄형이 훨씬 소형임을 알 수 있다.

07

원자력 에너지 이용:
수소폭탄과 우주

인류가 만든 가장 큰 폭탄

앞에서 보았듯이 주요 원자핵 반응에는 핵분열과 핵융합이 있다. 원자폭탄은 핵분열 반응을 이용한 폭탄이며, 앞으로 살펴볼 수소폭탄은 핵융합 반응을 이용한 폭탄이다. 원자폭탄과 수소폭탄 모두 원자핵 반응을 이용한 '핵폭탄'으로 동일 선상에서 언급되는 경우가 많다. 하지만 두 폭탄의 원리는 완전히 반대이며 발생하는 에너지도 현격하게 다르다.

핵융합 반응에서 정말 중요한 점은 그것이 우주나 항성을 만들 뿐 아니라 동시에 우리 생물과 모든 물질을 구성하는 원자를 만든다는 점이다. 즉 핵융합 덕에 이 우주가, 모든 물질이, 그리고 생명체가 존재할 수 있는 것이다.

수소폭탄의 원리

수소폭탄은 이름 그대로 수소 원자를 핵융합시켜 발생하는 핵융합 에너지를 파괴에 사용하는 무기다. 원자폭탄의 폭발 에너지는 20킬로톤(TNT 화약으로 환산하면 2만 톤) 정도인데, 핵융합 반응은 그 반응 물질을 추가하면 얼마든지 큰 폭탄을 만들 수 있다.

이것이 수소폭탄의 원리다. 우리 인류는 실제로 수소폭탄을 만들어 여러 차례 폭발 실험을 실시했다.

그림 2-5 수소폭탄의 구조

핵분열원폭

핵융합연료

상부의 핵분열 원자폭탄을 폭발시키고 여기서 발생하는 고온, 고압을 이용해 하부 연료의 핵융합 반응을 유도한다.

❶ 초기 수소폭탄

1952년 미국에서 첫 수소폭탄 실험이 이루어졌다. 이 폭탄은 냉각기를 이용해 액체화한 수소를 원자폭탄의 폭발 열로 핵융합시키는 것이다. 이 폭발 원리 탓에 장치는 대형화됐고 전체 무게가 65톤이나 되었다고 한다. 그 출력은 10.4메가톤(1,040만 톤, 1메가톤＝100만 톤)이므로 원자폭탄과는 비교도 안 될 만큼 큰 폭발력을 가진다.

그 뒤, 소련(현 러시아)은 수소와 리튬(Li)을 반응시켜 만든 수소화 리튬(LiH) 이용 방법을 개발했다. 이를 통해, 수소폭탄은 단시간에 소형화·간략화에 성공했고 비행기로 운반할 수 있는 크기로 제작이 가능해졌다.

② 수소폭탄 실험

수소폭탄이 개발될 당시는 미국과 소련이 서로의 힘을 겨루는 동서 냉전의 시대였기 때문에 두 나라는 출력과 소형화 부분에서 경쟁을 벌였다.

1954년, 비키니섬에서 실시한 수소폭탄 실험도 이 시기의 일이다. 이로 인해 일본의 참치잡이 어선 제5후쿠류마루가 피해를 입었고 통신사 구보야마 아이키치(당시 40세)가 목숨을 잃었다.

이 거대화 경쟁은 1961년 소련이 만든 차르 봄바(차르는 러시아어로 황제를 뜻함)로 마침내 종지부를 찍었다. 폭발력은 50메가톤(5,000만 톤)으로, 제2차 세계대전에서 전 세계가 사용한 화약 총량의 10배나 되었다고 한다.

폭발로 인한 충격파가 지구를 3바퀴나 돌았다고도 한다. 이 폭탄의 무게는 무려 27톤에 달했으며 특별히 개조한 폭격기로 운반하여 시베리아 상공에서 폭발시켰다고 하니 당시 소련 지도부의 집념을 느낄 수 있다.

이 폭탄은 지금도 인류가 만든 가장 큰 폭탄이란 오명을 갖고 있다.

1953년 당시 제5후쿠류마루: 1954년 3월 수소폭탄 실험 때, 미군이 설정한 위험수역 밖에서 조업하고 있었다.

소련이 만든 차르 봄바
(출처: Croquant [modifications by Hex])

제 2 장 원자핵 반응을 이용하면 에너지 문제가 해결될까?

'깨끗한 수소폭탄'과 '더러운 수소폭탄'

수소폭탄에는 '깨끗한 수소폭탄'과 '더러운 수소폭탄'이 있다고 한다. 사람을 죽이는 폭탄에 깨끗한 것이 있고 더러운 것이 있다니 도대체 무슨 뜻일까?

사람을 죽이고 사회를 파괴하는 폭탄에 더 깨끗하다거나 더 더러운 것이 있을 수 없다. 모두가 더러운 최악의 물체일 뿐이다. 그런데 수소폭탄은 방사성 물질을 방출하는가 그렇지 않은가로 깨끗한 것과 더러운 것으로 구분한다.

수소폭탄은 기폭제로 원자폭탄을 사용한다. 그리고 원자폭탄은 고도의 방사능을 가진 방사성 물질을 대량으로 방출해 환경을 오염시킨다. 그래서 이 같은 수소폭탄을 일반적으로 '더러운 수소폭탄'이라고 부른다.

그에 반해 현재는 기폭제로 원자폭탄이 아닌 레이저를 사용하는 방법을 고려하고 있다. 이는 방사성 물질을 만들지 않기 때문에 '깨끗한 수소폭탄'이라 부른다. 파괴 무기를 놓고 깨끗하다거나 더럽다고 말하는 것 자체가 블랙 코미디이긴 하지만 말이다.

1952년 11월, 미국의 마셜제도에서 실시한 수소폭탄 실험에서 발생한 버섯구름

태양은 핵융합으로 빛을 낸다

우주는 지금으로부터 138억 년 전에 일어난 의문의 대폭발, 이른바 '빅뱅'에 의해 탄생했다고 한다. 이 대폭발로 인해 대량의 수소 원자가 사방으로 흩어져 날아갔고 그 원자가 도착한 범위가 우주의 끝, 다시 말해 우주의 경계다.

지금도 수소 원자는 계속해서 날아가고 있다. 따라서 우주는 계속 팽창하고 있는 것이다.

❶ 항성의 탄생

사방으로 흩어진 수소 원자는 처음에는 안개처럼 떠다녔지만 마침내 농담이 생겼다. 응집한 곳에는 중력(인력)이 발생해 더 많은 수소 원자를 끌어당김으로써 구름 형태를 이루었다. 그러는 사이 원자끼리 마찰열, 충돌열, 단열압축에 의한 발열 등으로 구름이 고압, 고온의 괴가 되고 그로 인해 중심에서는 수소 원자의 핵융합이 일어났다.

이 고온, 고압 그리고 핵융합으로 발생하는 **핵융합 에너지로 뜨겁게 빛을 내는 존재가 바로 태양**이며 밤하늘에 반짝이는 무수히 많은 항성(별)이다.

❷ 원자의 성장

항성 안에서는 원자번호 1의 작은 수소 원자가 핵융합을 하여 조금 큰 원자번호 2의 헬륨(He)을 만든다. 모든 수소 원자가 핵융합을 하면 이번에는 헬륨이 핵융합을 하여 원자번호 4의 베릴륨(Be)을 만든다.

이렇게 핵융합을 거듭하며 항성 안에는 점차 큰 원자가 탄생한다. 그러나 이러한 원자의 성장에도 한계가 있다. 다음 장에서 살펴보겠지만 **원자번호 26의 철(Fe)에 이르면 핵융합을 해도 더 이상 핵융합 에너지가 발생하지 않는다.** 다시 말해, 핵융합으로 생기는 큰 원자는 철이 마지막인 것이다.

❸ 초신성 폭발

핵융합 에너지를 잃은 항성은 팽창 에너지를 잃고 자신의 중력에 의해 줄어들기 시작하는데 그 기세가 매우 강하다. 이때 원자를 만드는 바깥쪽 전자구름까지 중앙의 원자핵에 끌려 들어가 원자는 중성자로 변하고 항성은 죽음의 별이라 할 수 있는 중성자별이 된다.

중성자별은 결국 에너지의 균형을 잃고 폭발(초신성 폭발)하는데 이때 많은 양의 중성자가 쏟아져 나온다. 이것을 철 원자가 흡수해 급성장한다. 철보다 큰 원자는 이런 구조로 발생한다.

어쨌든 지구와 지구에 사는 생명체를 포함해 **우주의 모든 물질을 구성하는 원자는 이렇게 항성에서 탄생**하며 그 에너지원은 핵융합 반응이다. 그러므로 우주는 핵융합 반응으로 생겼다고 해도 틀리지 않을 것이다.

초신성 잔해(초신성 폭발 후에 남은 성운 형태의 천체): 황소자리 게성운

08

원자핵 반응을
어떻게 평화롭게 활용할 것인가?

에너지, 의료, 식량 문제

차르 봄바의 실험이 있은 지 반세기 이상(60년)이 흐른 오늘날, 소련은 역사에서 자취를 감추었고 동서 냉전은 막을 내렸다. 더 이상 핵폭탄의 위력을 다툴 필요가 없어졌다.

현재, 원자력과 방사선은 평화적인 이용을 목적으로 연구가 진행되고 있다.

에너지 문제, 어떻게 대비할 것인가?

마침내 세계는 원자력이 지닌 파괴력을 경쟁하던 시대에서 벗어나 평화적 이용을 목적으로 서로 협력하는 단계에 이르렀다. 이러한 관점에서 보면 원자력은 인류에게 한없이 밝은 미래를 제시해줄 것으로 기대된다. 앞에서 살펴본 바와 같이 인류는 지금까지 몇만 년을, 아니 어쩌면 수백만 년 동안 도움을 받은 '불의 에너지'와 결별해야 할 때가 된 것이다.

산업혁명 이후 전적으로 의지해온 '화석 연료'는 그 소용과 동시에 너무 많은 문제를 안고 있다. 화석 연료를 대체해 다시 의지해야 할 '재생 가능 에너지'는 아직 미덥지 못한 상태에 머물러 있다.

이런 상황 속에서 인류가 의지할 수 있는 에너지에는 어떤 종류가 있을까? 물론 에너지를 '절약'하는 방법도 있다. 에너지 절약에 관해 다소 부정적인 생각을 할 수도 있지만, 에너지를 절약하지 않으면 그만큼 소비하는 에너지를 어디선가 생산해야만 한다. **에너지 절약은 에너지의 마이너스 소비, 다시 말해 에너지 생산**인 것이다.

이 같은 다양한 절약 에너지와 생산 에너지를 고려했을 때 **인류가 미래를 맡길 만한 에너지는 무엇일까?** 이제 진지하게 그에 관해 생각해야 할 때가 되지 않았을까?

의료 측면에서 원자핵 반응의 이용

원자핵 반응이라고 하면 원자력 에너지만을 떠올리기 쉽다. 그런데 원자핵 반응에서 나오는 것은 에너지만이 아니다. 방사선도 있다. 이 방사선을 이용한 방사선 요법도 원자핵 반응을 이용하는 한 형태다.

현재 의료에서 원자핵 반응을 이용하는 분야는 오직 방사선에 한정되어 있다. **엑스레이 사진은 고에너지 전자파의 X선, Y선을 이용해 질병과 부상 진단에** 사용되고 있다.

양자선 조사, 중입자선 조사는 양성자나 탄소와 같은 작은 원자핵을 암

종양 등의 표적에 직접 쐐 암을 파괴하는 기술이다. 다시 말해 소총으로 늑대를 죽이는 것과 같다. 소총의 명중 정확도가 높으면 암은 사라지고, 명중 정확도가 떨어지면 건강 세포

그림 2-6   방사선 요법은 표적 공격

방사선

암세포

(출처: 일본 국립 암연구센터 《방사선치료》에서 작성)

가 죽어 환자가 고통을 느끼게 된다.

현재 방사선 요법의 명중 정확도는 매우 높은 수준이다. 암 치료에 있어서 수술에 의한 외과요법, 의약품에 의한 내과요법과 함께 중요한 치료 수단이 되어 단독으로 혹은 다른 요법과 병행해 쓰이고 있다.

방사선을 이용한 바이오 개량

방사선은 DNA에 상처를 입혀 생물에 돌연변이를 일으킨다. 이것은 나쁘게 작용하면 무서운 일이지만 잘 활용하면 인간에게 좀 더 도움이 되는 **신종 생물을 탄생시킬 수 있다.** 인간이 오랜 세월에 걸쳐 배양해온 교배를 통한 품종개량과 같은 것이다.

일본은 후자의 효과를 목표로 1965년, 이바라키현 히타치오미야시에 방사선육종장 공동이용시설을 설립했다. 이것은 원형 육종장의 중앙에 감마선(γ선)의 방사선원을 두고, 그 주변 임의의 장소에 식물과 종자 등을 두고 임의의 일정 기간을 방치하여 피폭시키는 것이다.

시설에 모종과 종자를 보내고 선원에서의 거리, 방치 기간 등을 지정하면 시설에서 관리한 후에 다시 보내주는 시스템이다.

실내와 실외 두 곳에 설비를 설치하고, 전국의 국립대학에 소속되어 있는 연구자가 공동으로 이용한다. 식물을 중심으로 방사선을 이용해 생물의 돌연변이 유발과 방사선 생물 효과에 대한 연구를 실시하고 있다.

방사선육종장 공동이용시설(일본 이바라키현 히타치오미야시)

제 3 장

원자력을
이해하기 전에
원자와 원자핵을
알아보자

09

원자는 어떤 구조를
가지고 있을까?

원자핵과 전자

여기서는 원자력 이야기 중에서도 기본이 되는 주제, 다시 말해 원자핵의 구조와 그 반응에 대해 알아보기로 하자.

앞에서 설명했듯이 모든 물질은 원자로 이루어져 있다. 원자는 전자로 이루어진 전자구름과 그 중심에 있는 원자핵으로 구성된다.

원자핵은 작고 무거운, 즉 밀도가 높은 입자다. 그 질량(무게)은 원자 질량의 99.9% 이상을 차지한다. 원자핵 반응을 이해하기 위해서는 원자핵을 알아야 하고 그러려면 원자에 관해 알아야만 한다.

원자는 어떤 형태일까?

원자의 모양은 어떻게 생겼을까? 주사위 모양일까, 구슬 모양일까? 아니면 불가사리처럼 생겼을까? 설마 모형 로봇처럼 생겼다고 생각하는 사람은 없

을 것이다. 그런데 엄밀히 말해 원자의 모
양은 정확히 알 수가 없다.

왜냐하면, 원자를 본 사람이 아무도 없
기 때문이다. 왜 아무도 없을까? 현대 문
명이 아직까지 원자를 볼 수 있을 정도로
발달하지 않아서? 아니다. 원자는 볼 수
있는 존재가 아니기 때문이다.

현대 과학에서 미립자의 해명을 지탱하
는 양자론의 전제라고도 할 수 있는 대원
칙 때문에 '원자는 볼 수 없는 존재'가 되

베르너 하이젠베르크: 양자역학을 창시한
공로로 1932년에 노벨 물리학상을 수상
(출처: 독일 연방공문서관)

었다. 앞으로 문화와 기술이 아무리 발전해도 원자를 직접 관찰할 수는 없
는 것이다. '불확정성 원리'라고 부르는 이 대원칙은 독일의 이론물리학자 베
르너 하이젠베르크(1901~1976)가 발견했다.

우리는 이 대원칙 덕에 원자의 모양을 정확히 알 수는 없어도 지금까지
의 실험 결과를 통해 원자의 모양을 추측할 수는 있다. 앞에서 말한 것처
럼, 원자는 전자로 형성된 구름 모양의 전자구름 속에서 구 형태를 띠고
있을 것으로 추정된다.

원자의 모양과 크기를 알게 되었다

이런 연유로 원자가 어떤 형태고 어떤 구조를 하고 있는지 등등 오래전부
터 여러 유형의 원자모델이 추정되고 있다. 그런데 이들 모델은 모두 불완

전하여 실험 사실을 정확하게 설명하지 못했다.

이러한 시행착오를 거듭한 결과, 양자론에 기초한 양자론 모델이 탄생했다. 이 모델을 사용하면 원자의 모든 성질과 반응에 대해 모두 합리적으로 설명할 수 있다. 그래서 현대에는 이 모델을 가장 정확한 것으로 받아들이고 있다.

이에 따르면 **원자는 여러 개의 전자 e로 형성된 전자구름에 둘러싸인 '둥근 형태의 구름'**으로 추정된다. 여기서 전자는 전하를 가진 입자를 말하는데, 전자 1개의 전하는 −1이다. 따라서 z개의 전자로 이루어진 전자구름의 전하는

원자력의 창

원자의 형태는 알 수 없다

불확정성 원리란 양자론의 기본 원리다. 이를 발견한 베르너 하이젠베르크의 이름을 따서 '하이젠베르크의 불확정성 원리'라 한다.

이것은 **'두 가지의 양을 동시에 정확하게 측정, 결정할 수 없다'**라는 설로, 여기서 두 가지의 양이란 원자의 경우에 '위치와 에너지'로 해석할 수 있다.

우리가 원자를 구성하는 입자, 예컨대 전자를 생각할 때는 '어떤 상태의 전자'라는 식으로 전자의 상태를 지정한다. 그것은 곧 '전자의 에너지 상태를 결정하고' 생각한다는 것을 가리킨다. 따라서 이 원리는 결국 '전자의 위치를 결정할 수 없다'라고 말하는 것이 된다.

원자는 전자에 둘러싸여 있기 때문에 전자구름의 형태가 원자의 형태가 된다. 그 전자의 위치를 결정할 수 없다는 것은 다시 말해 '원자의 형태를 정확히 결정할 수 없다'는 말이 된다. 다시 말해, 원자의 형태는 원칙적으로 '알 수가 없다'.

제3장 원자력을 이해하기 전에 원자와 원자핵을 알아보자

−z가 된다. 한편, 전자의 질량은 무시할 수 있을 만큼 작다고 알려졌다.

그 전자구름의 중심에 한 개의 원자핵이 존재하는데 전하는 +z이며, 전자구름의 전하와 상쇄되므로 원자 전체의 전기는 중성이 된다.

원자의 지름은 약 10^{-10}m(1Å=옹스트롬)의 오더(스케일)이며 원자핵의 지름은 10^{-14}m

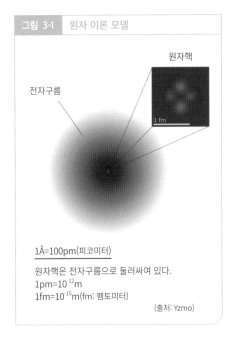

그림 3-1 원자 이론 모델

원자핵

전자구름

1 fm

1Å=100pm(피코미터)
원자핵은 전자구름으로 둘러싸여 있다.
1pm=10^{-12}m
1fm=10^{-15}m(fm: 펨토미터)

(출처: Yzmo)

의 오더, 다시 말해 원자 지름의 1만분의 1이다.

도쿄돔 2개 크기의 '거대 핫케이크'를 원자라고 했을 때, 원자핵은 피처 마운드에 굴러다니는 구슬 정도의 크기가 된다. 원자핵이 얼마나 작은지를 고려해야 한다.

밝혀진 원자 구조

원자는 전자구름과 그 중심의 원자핵으로 이루어진다고 했는데 이러한 원자 구조는 20세기에 들어서고 난 1913년 이후에 밝혀졌다.

그로부터 10년 전인 1904년에는 1장에서도 소개한 푸딩형 모델이 제시되었는데, 여기서는 양전하를 띤 반죽(현재의 원자핵에 해당) 속에 음전하를

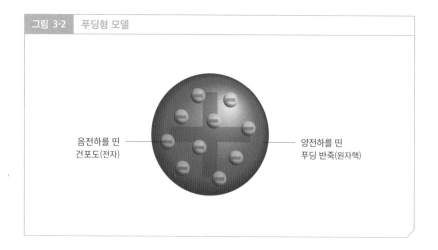

| 그림 3-2 | 푸딩형 모델 |

음전하를 띤
건포도(전자)

양전하를 띤
푸딩 반죽(원자핵)

띤 건포도(전자)가 흩어져 있다고 생각했었다.

불과 이 10년 동안 원자 구조론이 크게 진화했음을 알 수 있다.

❶ 전자껍질

현대 과학에서 원자 구조라고 할 때는 전자의 소재와 전자구름의 형태를 말하는 것이다.

이에 따르면 중심의 원자핵 주변을 둥근 형태의 전자껍질이 여러 겹으로 둘러싸고 있다고 한다.

각각의 전자껍질에는 양자수라는 양의 정수 n이 붙는데, 전자껍질의 지름 r(n^2에 비례), 에너지 E(절댓값이 n^2에 반비례), 수용 가능한 전자수 N($2n^2$개) 등이 양자수에 의해 결정된다.

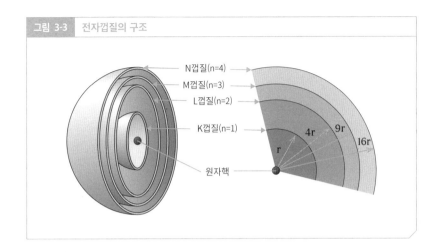

그림 3-3 전자껍질의 구조

N껍질(n=4)
M껍질(n=3)
L껍질(n=2)
K껍질(n=1)
원자핵

r   4r   9r   16r

❷ 전자궤도

이들 전자는 원자가 반응하거나 각종 측정을 포함해 외부와 상호작용할 때 전자껍질에서 전자궤도로 이동한다.

그 궤도들은 s궤도, p궤도, d궤도 등으로 눈으로 보면 즐거워지는 형태를 지닌다.

관심 있는 사람은 양자화학 책을 읽어보면 좋겠다.

전자껍질은 전자가 들어가는 방이 아니다

전자는 전자껍질에 들어간다고 했는데, 이렇게 말하면 자주 듣는 질문이 있다. "그 말은 원자핵 주위에 전자껍질이라는 방이 있다는 것입니까? 그렇다면 전자껍질에 들어갈 전자가 없을 때는 원자핵 주위에 전자껍질이라는 빈방이 존재한다는 것입니까?"

그렇게 설명하는 방법이 가장 이해하기 쉬우므로 어떤 교과서에나 그렇게 설명하지만, 사실은 그렇지가 않다. 전자껍질은 방이 아니라 전자의 에너지 상태다.

예컨대 모델의 화보 촬영을 생각해보자. 이때 모델은 원자핵이다. 그리고 촬영자는 전자고, 화보 촬영을 하기 위한 입장료가 에너지 E다.

모델과 가장 가까운 곳에서 촬영할 수 있는 K권이 가장 비싸다. K권을 구매한 촬영자(전자)는 모델(원자핵)의 가장 근접한 곳을 원하는 대로 움직여 촬영할 수 있다. L권, M권 순으로 입장료는 저렴해지나 모델과는 멀어진다.

별도의 방이 준비된 것이 아니다. 그러므로 전자가 없어지면 원자핵 주위에는 아무것도 없는 상태가 된다.

10

원자핵은 어떤 구조일까?

껍질 모델과 α클러스터 모델

원자의 구조나 반응과 관련된 재미있는 이야기가 많지만, 이 책은 원자력 책이지 원자에 관한 책이 아니므로 전자와 궤도 이야기는 이 정도로 하고 원자핵 이야기로 들어가겠다.

원자핵을 만드는 것

원자핵은 핵자라는 두 종류의 입자, 즉 양성자(proton＝p)와 중성자 (neutron＝n)로 구성된다. 두 입자의 질량은 거의 같지만, 양성자가 +1의 전하를 갖는 데 비해 중성자는 전하를 갖지 않는다.

원자핵을 구성하는 양성자의 개수를 그 원자의 원자번호(Z)라 하고 양성 자와 중성자 개수의 합을 질량수(A)라 하며, 각각을 원소기호의 왼쪽 아래 와 왼쪽 위에 첨자로 나타내는 것이 규칙이다.

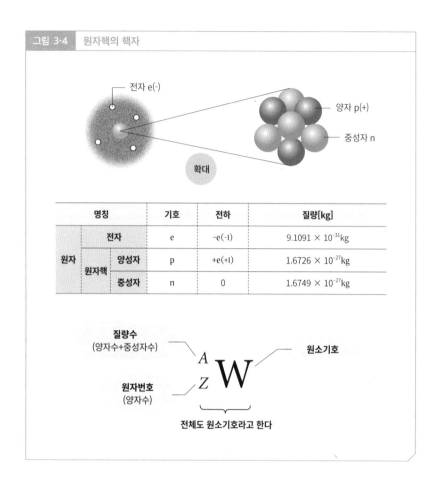

그림 3-4 원자핵의 핵자

명칭		기호	전하	질량[kg]
	전자	e	-e(-1)	9.1091×10^{-31}kg
원자 · 원자핵	양성자	p	+e(+1)	1.6726×10^{-27}kg
	중성자	n	0	1.6749×10^{-27}kg

원자번호가 같고 질량수가 다른 원자를 서로 동위 원소라고 한다. 또한 원자번호가 같은 원자의 집단을 원소라고 한다. 원소기호로 원소 이름을 알면 주기율표(03 '원자력의 창')에서 원자번호를 자동으로 알 수 있다.

그러나 원소에는 여러 종류의 동위 원소가 있다. 그래서 어떤 원자(핵종)인지, 즉 어느 동위 원소인지 알려면 질량수를 알아야만 한다. 그래서

그림 3-5 수소의 동위 원소

원소명	수소			탄소		산소		염소		우라늄	
기호	^{1}H (H)	^{2}H (D)	^{3}H (T)	^{12}C	^{13}C	^{16}O	^{18}O	^{35}Cl	^{37}Cl	^{235}U	^{238}U
양자수	1	1	1	6	6	8	8	17	17	92	92
중성자수	0	1	2	6	7	8	10	18	20	143	146
존재도(%)	99.98	0.015		98.89	1.11	99.76	0.20	75.53	24.47	0.72	99.28
원자량	1.008			12.01		16.00		35.45		238.0	

대체로 원자의 종류(핵종)를 지정할 때는 원소기호에 질량수만을 첨가해 지정한다.

모든 원소는 여러 종의 동위 원소를 갖지만 동위 원소의 비율(동위 원소의 존재 정도)은 원소에 따라 크게 다르다. 그림 3-5의 표에 원소의 동위 원소 몇 가지를 제시했다.

수소(H)에는 3종의 동위 원소가 있는데, 이것은 지구만 보았을 때 그러한 것이고 전 우주에는 7~11종의 동위 원소가 있다고 한다. 동위 원소, 질량수는 원자핵 반응에서 매우 중요한 역할을 한다.

점차 원자핵의 구조가 밝혀졌다

원자핵은 핵자가 모인 것이지만 핵자는 고정된 채 가만히 있는 것이 아니다. 핵자는 서로 힘을 미치면서도 자유롭게 운동하는 상태, 즉 가스나 액체와 같은 상태로 볼 수 있다.

원자핵의 구조는 아직 명확하지 않지만 반세기 정도 전에는 양성자와 중성자가 섞인 물방울 모델이 제시되었다. 앞에서 본 원자의 푸딩형 모델과 같은 것이다.

현재는 원자핵 반응을 통해 원자핵의 성질과 반응성이 밝혀졌고 이를 설명하기 위해 두 모델, 예컨대 껍질 모델과 α클러스터 모델이 제시되었다.

❶ 껍질 모델

껍질 모델은 원자핵의 중심에 있는 양성자와 중성자 괴 주변을 양성자나 중성자의 핵자가 돌고 있는 모델이다.

원자핵 연구에서는 껍질 모델을 자주 사용한다. 껍질 모델은 핵자가 원자핵 속을 비교적 자유롭게 운동하면서 동시에 '껍질' 구조를 갖는 모델이다.

헬륨과 같이 질량수가 작은 가벼운 원자핵부터 우라늄과 같이 질량수가 큰 원자핵까지 폭넓게 적용할 수 있으며 원자핵의 구조나 운동을 이해하는 데 표준적인 모델이다.

껍질 모델은 안정적인 바닥상태나 수많은 들뜬상태를 설명하는 데 성공한 모델이지만 약점도 있다. 특히 가벼운 원자핵의 몇 가지 들뜬상태에 관해서는 껍질 모델로 도저히 설명이 안 되는 경우가 있다.

❷ α클러스터 모델

α클러스터 모델은 양성자 2개, 중성자 2개로 이루어진 입자, 예컨대 헬륨 ^{4}He의 원자핵과 같이 'α입자'를 기본 구성단위로 하는 모델로, 방사선의 일종이다.

껍질 모델로는 설명할 수 없는 많은 실험 결과에 α클러스터 모델을 사용하면 모순 없이 설명할 수 있는 경우가 종종 있다.

가벼운 원자핵에서는 α입자가 큰 역할을 담당한다. α클러스터 모델에서는 α입자를 기본 구성단위로 하여 가벼운 원자핵의 구조나 운동을 생각한다. 이 모델에 따르면 베릴륨(^{8}Be) 원자핵은 α입자 2개로 구성되며 탄소(^{12}C) 원자핵은 α입자 3개로 이루어진다고 볼 수 있다.

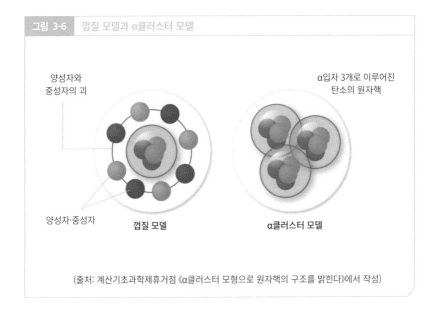

그림 3-6 껍질 모델과 α클러스터 모델

양성자와
중성자의 괴

α입자 3개로 이루어진
탄소의 원자핵

양성자·중성자 **껍질 모델**

α클러스터 모델

(출처: 계산기초과학제휴거점《α클러스터 모형으로 원자핵의 구조를 밝힌다》에서 작성)

원자핵의 안정성과 에너지

원자핵은 불안정한 고에너지 상태에서 바로 다른 원자핵으로 변하는 종류와 반대로 안정적인 상태의 저에너지 종류가 있다.

다음에 나올 그림 3-7은 원자핵의 에너지와 질량수의 관계를 나타낸 것이다. 질량수가 큰 원자핵이나 작은 원자핵이나 불안정한 고에너지이며 안정적인 것은 질량수 60 전후, 즉 철의 동위 원소다.

큰 원자핵이 깨져 작아지면 여분의 에너지가 방출된다. 이 반응이 핵분열 반응이며 방출되는 핵분열 에너지는 원자폭탄이나 현행 원자로, 원자력 발전에 이용되고 있다.

반대로 **작은 원자핵 2개가 결합하여 큰 원자핵이 되는 반응이** 핵융합 반응이며 그때 발생하는 에너지가 핵융합 에너지다. 핵융합은 태양을 비롯한 항성 내부에서 진행 중인 반응이다. 원자는 이 반응으로 작은 수소 원자에서 큰 철 원자까지 성장한다.

핵융합 에너지는 태양 등의 항성을 빛나게 하는 에너지로, 인간은 이것을 수소폭탄에 이용했다. 현재는 평화적인 방법으로 **핵융합로를 이용한** 핵융합 발전 **연구**를 진행하고 있지만 실용화는 아직 다음 세대의 이야기다.

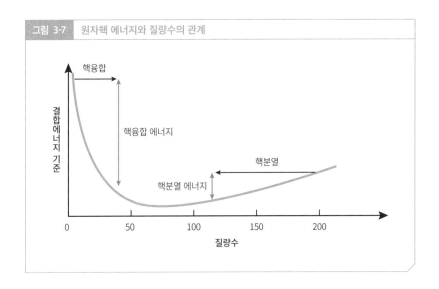

그림 3-7　원자핵 에너지와 질량수의 관계

우주는 빅뱅으로 시작되어 핵융합으로 생겨났다

별의 탄생

원자력은 원자핵이 반응하여 만들어내는 에너지다. 그러나 원자핵의 반응을 보면 단순히 에너지를 만드는 것에만 의의를 두어서는 안 된다는 사실을 알 수 있다.

앞에서 보았듯이 우주는 빅뱅에 의해 탄생했다. 다시 한번 우주의 생성을 복습해보자.

우리가 알고 있는 우주는 빅뱅 이후 여러 변화와 우여곡절을 거쳐 형성되었다. 여기에 중요한 역할을 한 것이 원자핵 반응과 그 무대가 된 항성의 운동이다.

빅뱅, 그 후

우주는 138억 년 전에 일어난 빅뱅에 의해 만들어졌다고 한다. 이 폭발로 무수히 많은 수소 원자와 소량의 헬륨 원자가 흩어져 퍼져나갔다. 이때 흩어진 원자핵은 지금도 우주를 날고 있다. 다시 말해 우주는 지금도 팽창을 계속하는 중이다.

처음에는 안개처럼 흩날리던 수소 원자가 마침내 한데 모여 구름이 되었다. 그러자 중력이 생겨났고 더 많은 원자가 모였다. 그러는 사이 원자와 원자 사이의 마찰열과 단열압축에 의한 발열로 구름의 내부는 고온, 고압 상태가 되었다.

이렇게 발생한 것이 수소 원자의 핵융합 반응이다. 2개의 수소 원자가 융합하여 헬륨(He)이 되는 반응에서 막대한 핵융합 에너지가 발생했고 구름은 뜨겁게 빛나는 항성이 되었다.

마침내 모든 수소가 핵융합을 마치면 이어서 헬륨의 핵융합이 시작되는 것처럼 항성 속 원자는 차례차례 큰 원자로 성장해간다. 항성은 바로 원자의 요람이다.

중성자별에서 초신성 폭발로

그러나 그것도 철 원자(Fe)까지의 이야기다. 앞의 그림 3-7에서 알 수 있듯이 철보다 큰 원자는 그 이후로 아무리 핵융합을 해도 에너지가 발생하지 않는다. 에너지를 잃은 항성은 자신의 중력에 의해 수축하는 단계를 밟게 된다.

항성의 수축이 시작되면 놀랍게도 원자 주변의 전자구름이 원자핵 속으로 빨려 들어간다. 그러면 양성자는 전자와 반응하여 중성자가 된다. 이것이 중성자별이다.

만일 1만 3,000km의 지름을 가진 지구가 중성자별이 된다면 지름은 불과 1.3km에 지나지 않게 된다.

이 과정을 겪은 중성자별은 결국 에너지의 균형을 잃고 폭발한다. 이것이 초신성 폭발이다. 이 폭발로 인해 사방으로 흩어진 중성자가 철 원자와 만난다. 이렇게 철 원자는 날아와 부딪치는 중성자를 흡수해 빠르게 큰 원자로 성장한다. 철 원자보다 큰 원자는 이렇게 만들어졌다고 한다.

이 원자가 우리의 몸을 구성하고 있는 것이므로 결국 우리는 '밤하늘의 무수한 별들'로 이루어져 있다. 낭만적인 이야기가 아닐까?

12

원자핵 분열은
어떤 조건에서 일어날까?

연쇄 반응·임계 질량

원자핵 분열은 특수한 반응이다. 이 반응은 조건이 갖춰지면 자연스럽게 혼자서 일어나 멋대로 규모가 커지고 엄청난 대폭발을 일으키게 된다.

연쇄 반응이 원자폭탄의 원리

핵분열 반응은 크고 불안정한 방사성 원자핵에 중성자가 충돌하여 일어난다. 핵분열이 일어나면 핵분열 생성물로 불리는 몇 개의 원자핵 파편과 핵분열 에너지가 발생한다. 그런데 이때 여러 개(편의를 위해 2개라고 하자)의 중성자가 동시에 발생한다는 사실을 잊어서는 안 된다.

이 2개의 중성자가 2개의 원자핵과 충돌하면 각각의 원자핵이 분열하고 각각의 반응에서 2개씩 총 4개의 중성자가 발생한다. 다음에는 8개, 다음에는 16개, 이렇게 반응은 세대(n)를 거듭할 때마다 $2n$배만큼 증가하고 결

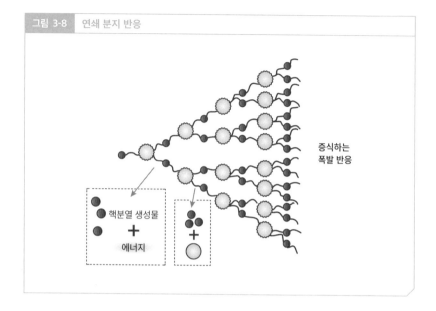

그림 3-8 연쇄 분지 반응

증식하는
폭발 반응

핵분열 생성물
+
에너지

+

국은 방대한 핵분열 에너지가 발생하여 큰 폭발을 일으킨다. 만약 한 번의 핵분열에서 발생하는 중성자가 3개면 3n이 되고, 4개면 4n이 된다. 이것이 원자폭탄의 원리다.

이렇게 기하급수적으로 증대하는 반응을 일반적으로 '연쇄 분지 반응'이라고 한다. 핵분열 반응은 전형적인 연쇄 분지 반응이다.

임계 질량은 연쇄 분지 반응을 일으키는 최소한의 양

방사성 원소는 자발적 반응으로 인해 항상 중성자를 방출한다. 이 중성자가 원자핵에 충돌하면 연쇄 분지 반응을 일으켜 폭발! 하게 된다.

그렇게 되면 자연계는 어디를 가든 폭발 흔적으로 아바타(수포)투성이가 되고 말 것이다. 그러나 현실에서 그렇게 되지 않는 이유는 자연계에는 큰 괴의 방사성 원소가 없기 때문이다.

❶ 원자수와 충돌 확률

앞서 보았듯이 원자핵과 원자 크기의 비는 1:1만, 즉 구슬과 도쿄돔의 관계다. 우라늄 금속의 괴는 이 도쿄돔을 2개 붙인 것과 같은 거대한 구의 집합체다.

이 거대한 구 안에 구슬이 날아들어 그 중심에 매달린 구슬과 충돌할 확률을 생각해보자. 그 확률은 한없이 적다는 사실을 금방 알 수 있을 것이다.

그러면 충돌하지 않은 구슬은 어떻게 될까? 이웃한 구(원자)로 날아간다. 여기서도 충돌하지 않으면 다시 이웃한 구로 날아든다. 구슬들은 이렇게 차례차례로 다음 구 안으로 날아든다. 그래도 충돌하지 않으면 마지막에는 구의 괴를 뛰쳐나와 어디론가 사라져버린다. 다시 말해, 폭발은 일어나지 않는다.

이는 일반적인 상태다. 그러나 우라늄 금속의 괴가 엄청나게 커서 구가 한없이 연속된다면 어떻게 될까? 구슬이 어딘가의 구 속 구슬과 충돌할 확률은 유한하게 증대한다. 이때 구의 괴 크기를 임계 질량이라 한다.

❷ 실제 임계 질량

방사성 원소의 큰 괴를 만들면 중성자가 언젠가는 원자핵과 충돌해 연쇄 분지 반응을 일으킨다. 이 **연쇄 반응을 일으키는 최소한의 양이 임계 질량**이다.

임계 질량은 방사성 원소에 따라 다르다. 우라늄 235(^{235}U)의 임계 질량은 금속으로 22.8kg이지만 플루토늄 239(^{239}Pu)는 5.6kg으로 훨씬 적다.

이것은 원자폭탄을 만들 경우 플루토늄이 더 작고 다루기 쉬운 폭탄을 만들 수 있다는 뜻이다. 그래서 현대의 원자폭탄에는 플루토늄만을 사용한다.

그리고 5장에서 감속재에 관해 말할 때 설명하겠지만 물(냉각재 겸 감속재)이 있으면 중성자의 반응성이 올라간다. 이 때문에 우라늄과 플루토늄은 금속 상태보다 화합물로서 용액 상태로 만드는 편이 임계 질량이 감소한다. 용액 상태에서의 임계 질량은 ^{235}U의 820g에 비해 ^{239}Pu는 510g이된다.

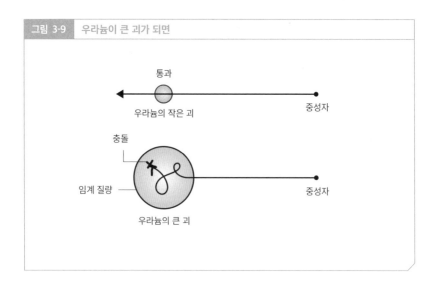

그림 3-9	우라늄이 큰 괴가 되면

통과

우라늄의 작은 괴　　　　　　　　　중성자

충돌

임계 질량

우라늄의 큰 괴　　　　　　　　　중성자

　　제 3 장 원자력을 이해하기 전에 원자와 원자핵을 알아보자

13

원자핵 붕괴 반응으로
방사선이 방출된다

방사능과 방사선

원자핵의 반응으로서 핵융합 반응과 핵분열 반응을 살펴보았다. 그런데
원자핵 반응에는 원자핵 붕괴라는 또 하나의 반응이 있다.

원자핵 붕괴에서 방출되는 '방사선'

방사성 원소는 원자핵의 작은 파편이나 에너지 즉 방사선을 스스로 방출
하여 좀 더 작고 보다 안정적인 원자핵으로 변한다. 이 반응을 원자핵 붕
괴라 하며 이때 방출되는 것을 일반적으로 방사선이라 부른다. 방사선에는
α선, β선, γ선, 중성자선 등이 있다.

방사선을 방출하는 이들 물질을 방사성 물질, 원자를 방사성 원자, 동위 원
소를 방사성 동위 원소라고 하며 방사성 동위 원소를 포함한 원소를 방사성
원소라 한다. 수소를 포함해 거의 모든 원소는 방사성 동위 원소를 포함하

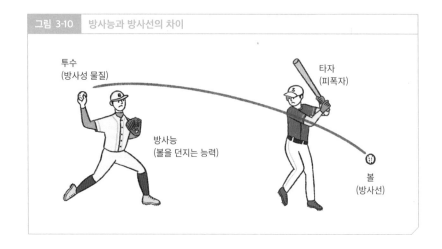

그림 3-10 방사능과 방사선의 차이

투수
(방사성 물질)

타자
(피폭자)

방사능
(볼을 던지는 능력)

볼
(방사선)

기 때문에 방사성 원소라는 카테고리는 쓸모가 없을지도 모른다.

방사성 물질이 가진 '방사선을 방출하는 능력 또는 성질'을 '방사능'이라 한다. **방사선은 물질이나 에너지이며 생물과 충돌하면 생물에 치명적인 피해를 줄 수 있다.** 하지만, 방사능은 '능력·성질'이므로 해를 입힐 수 있는 '물질'은 아니다.

야구에 비유하면 이 관계를 이해하기 쉬울 것이다. '방사성 물질'은 투수다. 투수가 던진 공이 '방사선'이다. 투수가 지닌 투수로서의 소질과 능력이 '방사능'이다. 맞아서 아픈 것은 데드 볼이지, '투수의 능력'이 사람을 때려 상처를 입히는 일은 있을 수 없다.

반감기는 항상 일정 시간

원자핵 반응은 빠르게 진행하는 것도 있고, 느리고 천천히 진행하는 것도 있다. 반응의 속도를 측정하는 데 반감기를 이용하면 편리하고 정확하다. 반감기란 다음과 같이 설명할 수 있다.

반응 A→B가 진행되면 그림 3-11의 ①과 같이 출발 물질 A는 시간이 지남에 따라 감소하고 생성물 B는 시간이 지남에 따라 증가한다. **이때 A의 양(농도)이 처음 양(초기농도)의 절반이 되는 데 소요되는 시간을 반감기**라고 한다.

반감기는 반응의 종류에 따라 달라진다. 가령 반응 A→B와 같이 A가 어떤 영향도 받지 않고 스스로 변화하는 1차 반응의 경우에는 그림 3-11의 ②와 같이 된다. 다시 말해 반감기 t는 항상 시간이 일정하다. 이러한 반응의 대표적인 예가 원자핵 붕괴 반응이다.

최초의 t에서 절반이 없어지고 다음의 t에서 나머지 반이 없어지는 것이 아니라 항상 반이 된다. 다시 말해 반응이 t시간이 지나면 $\frac{1}{2}$이 되고 2t시간이 지나면 $(\frac{1}{2})^2 = \frac{1}{4}$이 되는 것처럼 시간이 t의 n배가 됨에 따라 $(\frac{1}{2})^n$으로 변한다.

방사성 동위 원소의 반감기는 핵종에 따라 천차만별이다. 짧은 경우에는 인공 원소처럼 1초의 수천분의 1이기도 하고 긴 경우에는 우주 연령인 138억 년보다 긴 것도 있다.

이들 중에는 붕괴하지 않는 안정 동위 원소로 여겼던 것이, 정밀 측정한 결과 사실 매우 긴 반감기로 붕괴하고 있음을 알게 된 예도 있다.

그림 3-11 　반감기란?

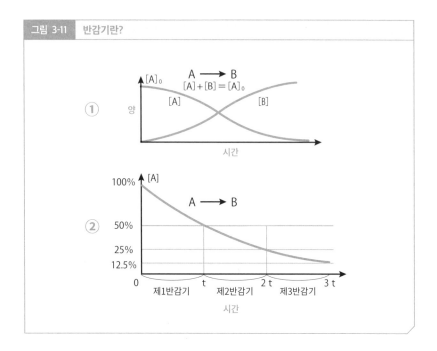

연대 측정에 사용되는 반감기

반감기를 이용하는 기술 중 '연대 측정'이 있다. 예컨대 아주 오래된 목조 작품의 제작연대를 추정하는 기술이다.

여기에는 탄소 동위 원소인 ^{14}C를 사용한다. 이는 반감기 5730년으로 ^{14}N으로 변화한다. 식물은 살아 있을 때는 광합성으로 공기 중의 이산화탄소(CO_2)를 흡수하므로 식물체의 ^{14}C 농도는 공기 중 농도와 동일하다.

하지만 식물은 죽으면 광합성이 중지된다. 새로운 ^{14}C는 흡수되지 않는다. 그때까지 목재 속에 들어 있던 ^{14}C는 반감기 5730년에 ^{14}N으로 변하여 계속 줄어든다. 한편 공기 속에는 우주방사선이나 지하의 원자핵 붕괴 등에 의해 새로운 ^{14}C가 계속 공급되므로 그 농도는 일정하다.

따라서 만일 목조 작품의 ^{14}C 농도가 공기 중 농도의 절반이었다면, 그 목재는 베이고 나서 5,730년이 지났기 때문에 목조 작품이 그보다 오래전에 만들어지는 일은 있을 수 없는 것이다.

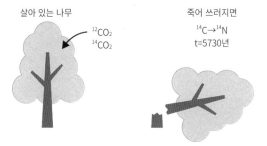

목조 작품의 제작연대를 알 수 있다

살아 있는 나무

$^{12}CO_2$
$^{14}CO_2$

죽어 쓰러지면

$^{14}C \rightarrow {}^{14}N$
t=5730년

제 4 장

방사선에 대해
알아야 할 것

14

방사선과 방사능은 다르다

방사선의 종류와 강도

원자폭탄 이야기는 물론 원자로의 사고, 방사선 오염 식품 등 원자핵과 관련된 뉴스에 항상 등장하는 것이 '방사선'과 '방사능'이다. 앞에서 조금 설명했듯 이 두 가지는 비슷한 말이기 때문에 혼동하기 쉬우나 전혀 다른 개념이다. 그럼, 그 차이에 관해 알아보자.

핵분열로 생기는 방사선의 종류

원자핵이 분열 반응을 하면 원자핵의 크고 작은 파편과 고에너지 전자파가 발생한다. 이들은 한마디로 핵분열 생성물이라 부르는데 그중에서 특히 작은 파편과 전자파를 방사선이라고 부른다.

핵분열 반응뿐 아니라 모든 원자핵 반응은 방사선을 방출한다고 생각해도 좋다. 일반적으로 방사선은 생물의 생명을 앗아갈 수 있을 정도로 위험하다.

방사선은 여러 종류가 있지만 α선, β선, γ선, 중성자선이 대표적이다. 각각을 간단히 살펴보자.

① 알파(α)선

헬륨 원자(^{4}He)의 원자핵, 다시 말해 양성자 2개와 중성자 2개가 만나서 4개의 핵자 괴가 빠른 속도로 날아가는 것을 α선이라고 한다. 여기서 말하는 고속이란 고속철도 속력의 몇 배(시속 수백 km, 초속 수십 m)가 아니라 광속의 몇분의 1(초속 몇만, 몇십만 km) 정도의 초고속이다.

② 베타(β)선

전자 e⁻가 광속에 가까운 고속으로 날아가는 것이다.

③ 감마(γ)선

α선이나 β선과 달리 입자가 아니다. 선은 파장이 짧고 고에너지인 전자파다. 엑스레이 사진에 사용하는 X선(18 참조)이나 우주방사선에 포함된 고에너지 전자파 혹은 자외선과 같은 것이지만 원자핵 반응으로 발생하는 방사선을 특별히 γ선이라 부른다.

④ 중성자선

중성자가 고속으로 날아가는 것이다. 중성자는 전하도 자기도 띠지 않아서 생체 속에 거의 무저항으로 침투하기 때문에 매우 위험하다.

그림 4-1 다양한 방사선

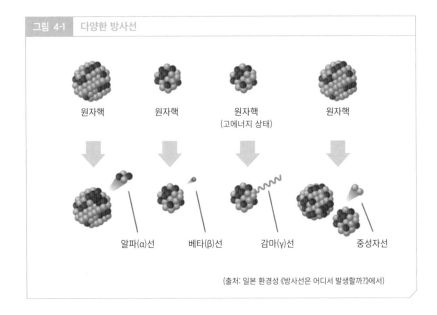

원자핵   원자핵   원자핵
(고에너지 상태)   원자핵

알파(α)선   베타(β)선   감마(γ)선   중성자선

(출처: 일본 환경성《방사선은 어디서 발생할까?》에서)

⑤ 중입자선

탄소를 비롯해 작은 원자핵을 선형가속기 등을 통해 고속으로 가속시킨 것이다. 주로 인공으로 만들어 의료에 사용한다.

방사선의 강도를 나타내는 지표

방사성 물질은 방사선을 방출하는데, 여기서 방출되는 방사선의 양과 에너지(일반적으로 말하는 방사능의 세기)는 방사성 물질의 종류와 양에 따라 달라진다.

　한마디로 방사선량이라고 표현하지만 보기에 따라서는 매우 다양하다. 방사성 입자의 개수가 있는가 하면, 방사선의 에너지도 있다. 또 인체에 미치는 피해의 경중도 있을 것이다.

그래서 방사선의 강도를 나타내기 위해 세 종류의 지표를 준비했다.

① 방사선량: 베크렐(Bq)

1초 동안 방출되는 입자의 양을 나타낸 수치다. 1초에 1개의 입자가 방출될 때를 1베크렐이라 한다. 따라서 방사선의 종류나 에너지는 이 수치와는 관계가 없다.

1몰(mol)의 원자 수는 6×10^{23}(6,000해, 1해=10^{20})개이므로 이 수치는 매우 커질 수 있다.

② 흡수선량: 그레이(Gy)

생체에 흡수된 방사선의 에너지 양을 나타내는 수치다. 1J(줄)/kg의 에너지가 흡수되었을 때를 1그레이라고 한다. 따라서 이것도 방사선의 종류와는 관계가 없다.

③ 선량당량: 시버트(Sv)

동일한 에너지의 방사선이라도 방사선의 종류에 따라 인체에 큰 손상을 입히는 것과 그렇게 심각하지 않은 것이 있다. 예컨대 α선과 β선을 비교하면 대형 입자인 α선 쪽이 β선보다 20배나 유해하다. 이 유해성의 정도를 선질계수라고 하는데 그 주요한 수치를 그림 4-2의 표로 나타냈다.

따라서 인체에 미치는 피해를 측정하기 위해서는 흡수선량(그레이)에 선

그림 4-2   방사선의 유해 정도를 나타내는 선질계수

방사선	α선	β선	γ선	중성자선	양성자선
선질계수	20	1	1	10	5~20

질계수를 곱해야 한다. 이렇게 해서 구한 수치가 선량당량이며, **방사선이 생체에 입힌 피해를 직접적으로 나타낼 때 자주 사용되는 수치다.**

단위는 시버트다. 또한 시버트는 단위가 너무 크기 때문에 실제로는 그 1,000분의 1인 밀리시버트(mSv), 혹은 그 1,000분의 1인 마이크로시버트(μSv)를 사용한다.

그림 4-3   방사선의 3가지 지표

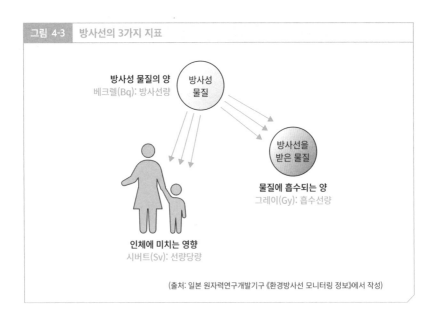

방사성 물질의 양
베크렐(Bq): 방사선량

방사성 물질

방사선을 받은 물질

물질에 흡수되는 양
그레이(Gy): 흡수선량

인체에 미치는 영향
시버트(Sv): 선량당량

(출처: 일본 원자력연구개발기구 《환경방사선 모니터링 정보》에서 작성)

방사선에 얼마나 노출되면 인체에 영향을 줄까?

원자로와 관련된 사고가 발생하지 않아도 지구 내부의 원자핵 붕괴나 우주방사선의 영향으로 우리 인간은 매일같이 방사선에 노출되고 있다. 다만 그것은 미미한 양이다.

하지만, 만약 피폭량이 증가하면 인간은 어떤 영향을 받게 될까?

인체에 미치는 방사선의 유해성을 실험으로 확인하는 것은 불가능하다. 불의의 사고를 조사한 결과라든지 동물실험 결과 등을 토대로만 추정할 수 있다. 따라서 그림 4-4의 수치는 대략적인 값으로, 출처에 따라 수치가 달라질 수 있다.

❶ 안전한계

피폭량이 100밀리시버트 이하인 경우 건강에 영향을 거의 미치지 않는다고 한다. 선량당량이 시간당 1밀리시버트인 곳에서는 100시간, 다시 말해 약 4일간 생활한다고 해도 의학적인 영향은 받지 않는다.

❷ 피해 발생

그러나 피폭량이 150밀리시버트에 이르면 메스꺼움을 느끼기 시작한다. 그리고 1,000밀리시버트, 즉 1시버트에 도달하면 인체에 손상을 준다.

다시 말해, 혈액 속 림프구가 감소하기 시작한다. 림프구는 면역기관의 중심이 되는 세포이므로 림프구가 감소하면 면역력이 떨어진다. 즉 몸의 저항력이 떨어져 가벼운 감염병이라도 증상이 악화해 생명이 위험할 수 있다.

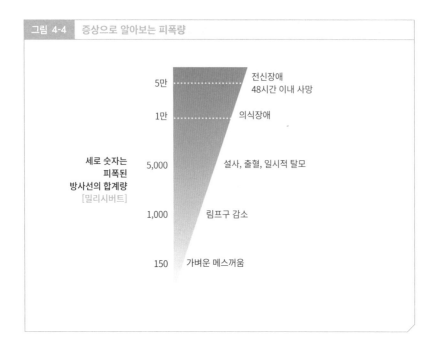

그림 4-4 증상으로 알아보는 피폭량

5만 ─ 전신장애
         48시간 이내 사망

1만 ─ 의식장애

세로 숫자는
피폭된
방사선의 합계량
[밀리시버트]

5,000 ─ 설사, 출혈, 일시적 탈모

1,000 ─ 림프구 감소

150 ─ 가벼운 메스꺼움

❸ 심각한 피해

5,000밀리시버트 즉 5시버트가 되면 직접적인 증상, 예컨대 설사나 출혈 혹은 일시적인 탈모 증상이 나타난다. 이것은 꽤 심각한 증상이다.

　수치가 더 증가해 10시버트가 되면 의식장애가 생긴다. 50시버트가 되면 전신장애가 생겨 48시간 이내에 사망한다고 한다.

방사선으로부터 몸을 지키는 방법은 무엇일까?

위험한 방사선으로부터 몸을 보호하는 수단을 차폐라고 한다. 방사선의 종류에 따라서는 간단하게 차폐할 수 있는 것과 곤란한 것이 있다.

❶ α선

α선의 입자는 방사선 중에서 가장 크고 무겁다. 그래서 α선에 노출되면 몸이 받는 피해가 커진다. 그러나 α선은 크고 무거운 데다 전하를 가지고 있기 때문에 체내로 침투할 가능성은 높지 않다.

α선을 막는 것은 간단하다. 에너지에 따라 다르지만 알루미늄 포일 혹은 **피부로도 막을 수 있다**고 한다. 다만 방사성 물질이 체내에 들어가 내부 피폭을 입으면 심각하다. 내장 속에서 α선이 방사되므로 막을 방법이 없다.

2006년에 망명한 러시아인이 런던의 한 초밥집에서 α선원인 폴로늄(Po)이 들어 있는 초밥을 먹고 사망했다. 폴로늄이 방사하는 α선에 내부 피폭을 입은 것이 원인이었다고 한다.

❷ β선

물질을 투과하는 힘이 약하므로 수 mm 두께의 알루미늄판이나 1cm 정도 두께의 플라스틱판으로 차폐할 수 있다고 한다. 그러나 β선이 물질에 닿으면(충돌하면) X선(γ선)을 방출하므로 X선에 대한 방어도 필요하다.

❸ γ선

전자파인 γ선은 자외선이나 X선과 같지만 그보다 훨씬 고에너지인 경우가 많아 매우 위험하다.

투과력이 강한 전자파이므로 **콘크리트, 철판, 납판 등을 이용해 꼼꼼하게 방어**해야 한다. 납이 가장 효과가 있지만 적어도 두께가 10cm 정도는 되어야 한다니 일반인이 차폐하는 것은 쉽지 않다. 튼튼한 콘크리트 건물이나 지하철 등의 실내로 대피해야 한다.

❹ 중성자선

중성자는 매우 위험하다. 전하를 띠지 않기 때문에 모든 물질 속을 막힘없이 통과할 수 있다. 따라서 중성자선을 차폐하기란 매우 어렵다. 모든 방사선 중에 가장 성가신 존재라 할 수 있다.

그런데 의외의 효과적인 차폐 수단이 있다. 바로 물이다. 사용이 끝난 핵연료를 수조에 담가 보관하는 것은 냉각을 위한 방법이기도 하지만 중성자선을 차폐하는 데 효과적이다. 이것에 관해서는 나중에 원자로 부분에서 설명하기로 한다.

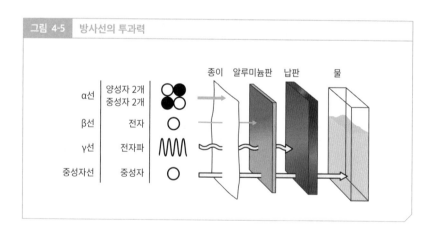

그림 4-5 방사선의 투과력

15

우리에게 매일 쏟아지는 방사선

자연계의 방사선

자연계에는 생체에 유해한 방사선이 가득 존재한다. 한 사람이 1년 동안 받는 자연방사선의 양이 2.4밀리시버트 정도라고 한다. 생명체는 이러한 방사선을 견디며 진화해왔다.

어쩌면 방사선에 의해서 DNA가 손상을 입고 그것을 수복하는 과정을 반복하는 사이에 DNA가 변화·진화하고 그 결과 생체도 변화와 진화를 겪었을지도 모른다.

우주에서 오는 방사선

지구에는 우주에서 날아오는 우주방사선이 쏟아지고 있다. 이 우주방사선은 방사선과 동일하다. γ선과 중성자선이 주를 이루는 우주방사선은 인체에 매우 해로우나 지구의 대기, 특히 높은 성층권에 있는 오존층이 이를 흡

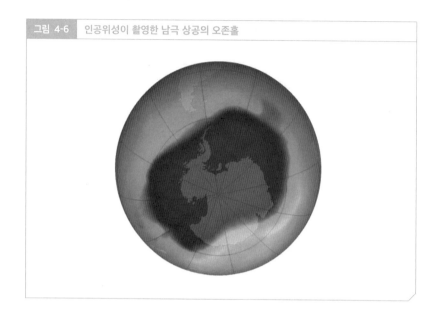

그림 4-6 인공위성이 촬영한 남극 상공의 오존홀

수해 차단한다. 오존층은 지구가 지닌 천연의 장벽이다.

오존층과 같은 차폐물이 없다면 지구상에 생명체는 존재할 수 없었을 것이다. 그뿐만 아니라 애초에 생명체가 탄생하는 일도 없었을 것이다.

이 오존층을 프레온(탄소 C, 수소 H, 불소 F로 이루어진 인공 분자)이 파괴하여 남극 상공에 오존층이 없는 오존홀이 생겨 환경 문제로 대두되었다. 오존홀을 통과한 우주방사선 때문에 피부암과 백내장이 증가하고 있다는 설도 있다.

지구 대기권의 상층부에는 대기가 줄고 차폐물이 사라져 우주방사선의 노출 정도가 심각하다. 1,500m 상승할 때마다 약 2배가 되기 때문에 1만 m 상공을 비행하는 항공기에는 지상보다 100배에 가까운 방사선이 도달하게

제 4 장 방사선에 대해 알아야 할 것

된다.

항공기 조종사가 1,000시간 비행했을 경우의 피폭량은 약 5밀리시버트다. 지상에서 생활하는 보통 사람이 1년간 노출되는 자연방사선(2.4밀리시버트＝세계 평균)의 약 2배에 이른다. 참고로 한국 항공사의 최장 비행시간은 항공법령에 따라 연간 1,000시간을 초과하지 않도록 하고 있다.

인공위성이나 우주비행선을 타는 우주인은 이러한 방사선의 방어에도 대비해야만 한다.

공기와 음식물에 존재하는 방사선

지구 밖에서 침투하는 우주방사선뿐 아니라 우리를 둘러싼 공기 속에도 방사선은 존재한다. 우주방사선 외에도 우주방사선과 지상의 원자가 반응해 생긴 방사성 동위 원소 혹은 땅속에 존재하는 방사성 원소의 붕괴로 생긴 방사성 동위 원소의 방사선 등 여러 종류가 있다.

여기에는 수소의 동위 원소인 삼중수소(^{3}H)와 탄소의 동위 원소인 ^{14}C 등이 있다. 이들 방사성 동위 원소는 공기 중에 떠도는 것들 외에도 ^{3}H는 물이 되고 ^{14}C는 유기물에 녹아들어 여러 가지 음식으로 체내에 들어오기 때문에 우리는 항상 체내 피폭 상태에 놓이게 된다.

또한 지각에는 다양한 방사성 원소가 포함되어 있다. 예컨대 칼륨 40, 루비듐 87, 폴로늄 210, 납 210 등이 있다. 우라늄과 라듐도 이들 중 하나다.

지구에 존재하는 방사선

러시아 문학에서의 '차가운 대지'라는 표현이 가리키는 대상이 바로 지각이다. 지구의 지름이 1만 3,000km인 데 비해 지각의 두께는 불과 30km에 지나지 않는다. 연필로 지름 13cm의 원을 그리고 이것을 지구라고 가정한다면 지각은 0.03cm의 얇은 선이다. 연필 선의 10분의 1보다 가는 것이다.

지각의 내부는 수천 ℃ 고온의 맨틀로 되어 있으며 지구의 중심은 태양의 표면 온도와 동일한 6,000℃라고 한다.

그렇다면 지구 내부는 왜 이렇게 뜨거울까? 지구가 탄생했을 때는 우주에서 쏟아지는 운석의 충돌열과 마찰열로 인해 온도가 상승해 지구 전체가 용암 상태였다고 한다.

그러나 그것은 48억 년도 더 된 이야기다. 당시의 열은 아주 오랜 옛날 우주 저 너머로 흩어졌고 오늘날의 지구는 차게 식어 있을 뿐이다.

지구가 지금도 수천 ℃의 열을 유지하고 있는 이유는 다름 아닌 지구가 스스로 열을 내고 있기 때문이다. 그리고 그 **열원은 지구 내부에서 일어나고 있는** 원자핵 붕괴 반응이다. 다시 말해 지구는 거대한 원자로라 할 수 있다.

❶ 지구 내부에서 방출되는 방사선

지구가 원자로라면 원자로에서 방사선이 새어 나오는 것은 당연하다. 이 방사선은 물론 지구 내부에 가까워질수록, 즉 깊은 구멍일수록 강해진다.

그뿐만 아니라 방사성 물질 자체가 지구 내부에서 새어 나오는 경우가 있다.

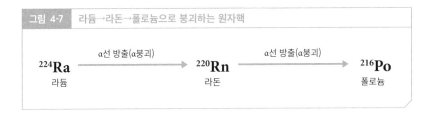

그림 4-7 라듐→라돈→폴로늄으로 붕괴하는 원자핵

^{224}**Ra**   α선 방출(α붕괴)→ ^{220}**Rn**   α선 방출(α붕괴)→ ^{216}**Po**
라듐   라돈   폴로늄

그중 하나가 기체 원소인 라돈(Rn)이다. 이것은 지각 속에 있는 방사성 원소인 라듐(Ra)의 원자핵 붕괴로 인해 발생한다.

그리고 라돈 또한 $α$선을 방출해 폴로늄(Po)으로 변한다. 즉 라돈은 $α$선의 방사성 물질이다.

라돈은 특히 석조 지하실에 많으며 이를 두고 발암성 물질이라는 지적이 있다. 또한 우라늄 채굴 노동자의 피폭 피해가 지적되기도 한다.

❷ 온천에서 나오는 방사선

라돈은 물에 쉽게 녹아드는 기체다. 이 라돈이 온천에 녹은 방사능천이 그 유명한 라듐 온천이다. 일본의 경우 돗토리현의 미사사온천, 효고현의 아리마온천, 교토의 루리케이온천 등이 잘 알려져 있다.

라돈이 $α$선으로 붕괴하면 폴로늄을 생성한다. 우리가 몸을 담그는 라듐 온천의 뜨거운 물 속에는 방사성 원소 폴로늄이 녹아 있다. 이 폴로늄은 퀴리 부인이 러시아가 점령한 고향 폴란드를 생각하며 붙인 이름이다.

혹시 귀를 기울이면 퀴리 부인과 같은 폴란드 출신의 위대한 피아니스트 쇼팽의 〈녹턴〉 선율이 들릴지도 모른다.

그림 4-8 우리 주변에서 일어나고 있는 방사선 피폭

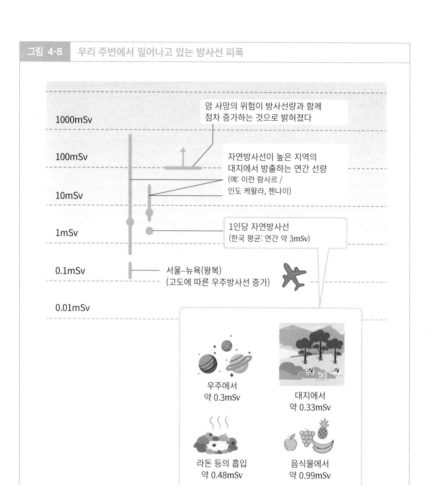

1000mSv — 암 사망의 위험이 방사선량과 함께 점차 증가하는 것으로 밝혀졌다

100mSv — 자연방사선이 높은 지역의 대지에서 방출하는 연간 선량 (예: 이란 람사르 / 인도 케랄라, 첸나이)

10mSv

1mSv — 1인당 자연방사선 (한국 평균: 연간 약 3mSv)

0.1mSv — 서울-뉴욕(왕복) (고도에 따른 우주방사선 증가)

0.01mSv

우주에서 약 0.3mSv

대지에서 약 0.33mSv

라돈 등의 흡입 약 0.48mSv

음식물에서 약 0.99mSv

(출처: UN과학위원회 2008년 보고서에서 작성)

제 4장 방사선에 대해 알아야 할 것

방사선 호르메시스

라듐 온천이 몸에 좋다고 하지만, 이 온천에서는 인체에 유해하다는 α선을 방출하기 때문에 정말로 건강에 좋은 것인지 의문이 들기도 한다.

그러나 예로부터 통풍, 고혈압, 순환기 장애, 심지어 악성 종양에도 효과가 있다고 해 사람들로부터 사랑받아온 역사가 있다.

이 같은 효과는 단순한 믿음에서 기인하는 것일 수도 있지만, 그것이 믿음이든 다른 무엇이든 건강이 회복된다면 곧 사실이 된다. 생판 모르는 남이 이러쿵저러쿵 말할 처지가 아닐지도 모른다.

일반적으로 '애초부터 생물에게 유해한 물질도 조금씩 장기간 사용하면 효과를 거둘 수 있다'라고 주장하는 학설도 있다. 이것을 호르메시스 효과라 한다. '한 번에 많은 양의 술을 마시면 몸에 해롭지만 저녁 반주로 조금씩 마시는 술은 건강에 이롭다(?)'라는 논리와 비슷하다.

그러나 이 효과를 재현성을 가지고 객관적으로 제시한 의학적 데이터는 얻기 어렵다는 주장도 있다. 그러므로 이 설을 믿는 사람은 스스로 책임진다는 생각으로 실천해보길 바란다는 말밖에 할 수 없다.

개인적인 의견을 말하자면 나는 이 설을 좋아해서 매일 밤 거르지 않고 실험을 반복하고 있다. 여러분의 가족 중에 실험하고 있는 사람이 있다면 꼭 협력해주길 바라는 마음이다.

16

원자핵의 변화가
지구 에너지의 근원

원자핵 반응과 새로운 원소의 생성

에너지는 원자핵이 붕괴할 때 생성된다. 그것이 지구를 따뜻하게 하는 원천이 되고 있다.

원자핵의 붕괴는 한 번으로 끝날 수도 있지만 도미노가 쓰러지듯이 차례로 연속해서 일어나기도 한다. 이렇게 계속해서 붕괴하는 일련의 원자핵을 붕괴 계열이라 한다.

원자핵 붕괴와 원자핵의 변화

원자핵은 원자핵 붕괴를 통해 다른 원자로 변한다. 어떤 원자로 변할지는 붕괴 과정에서 방출되는 방사선의 종류에 따라 달라진다.

원자핵 반응은 화학 반응과 동일한 반응식으로 나타내는데 화학 반응식과 마찬가지로 질량 보존의 법칙을 볼 수 있다. 즉 반응식의 좌변과 우변

제 4 장 방사선에 대해 알아야 할 것

에서 원자번호 Z와 질량수 A는 보존된다.

❶ α붕괴

그림 4-9의 반응식 ❶~❹는 전형적인 원자핵 붕괴의 반응식이다. 반응식 ❶과 같이 원자 W가 α선을 내며 붕괴하는 반응을 α붕괴라 한다. α선은 ^{4}He의 원자핵이므로 원자번호 Z = 2, 질량수 A = 4이다.

따라서 질량 보존의 법칙을 충족시키기 위해 생성 원자핵 X는 W에 비해 원자번호는 2 작으며 질량수는 4 작아진다.

❷·❸ β붕괴

반응식 ❷와 같이 β선(전자)을 방출하는 붕괴를 β붕괴라 한다. β선은 전자

그림 4-9 원자핵 붕괴 반응의 종류

❶ α붕괴 $\quad ^A_Z\text{W} \xrightarrow{\text{α붕괴}} ^{A-4}_{Z-2}\text{X} + ^4_2\text{He}$ (α선)

❷ β붕괴 $\quad ^A_Z\text{W} \xrightarrow{\text{β붕괴}} ^A_{Z+1}\text{Y} + ^0_{-1}\text{e}$ (β선)

❸ β붕괴 $\quad ^1_0\text{n} \xrightarrow{\text{β붕괴}} ^1_1\text{p} + ^0_{-1}\text{e}$ (β선)

❹ γ붕괴 $\quad ^A_Z\text{W} \xrightarrow{\text{γ붕괴}} ^A_Z\text{W}^* + \text{E}$ (γ선)

이므로 전하가 -1로, 양성자 +1의 반대다. 그러므로 원자번호=-1이라 생각하면 생성 원자핵 Y는 W와 질량수 A는 변하지 않고 원자번호는 1 증가하게 된다(❷).

이 반응의 실체는 중성자 n이 전자를 방출해 양성자 p가 되는 반응식 ❸이다. 그러므로 β붕괴는 양성자가 증가하게 되고 원자번호도 증가한다. 전자의 무게는 무시할 수 있으므로 질량수는 변하지 않는다.

❹ γ붕괴

반응식 ❹와 같이 γ선(E, 에너지)을 방출하는 것을 γ붕괴라 한다. γ선에는 질량도 전하도 없기 때문에 생성 원자핵 X는 질량수도 원자번호도 이전의 원자핵 W 그대로다.

그러나 에너지를 방출하고 있는 만큼 불안정한 상태다. 이러한 원자핵을 준안정핵이라 부르는데, 원소기호에 *(아스테리스크)를 붙여 표기한다. 준안정핵은 본질적으로는 불안정하기 때문에 계속 β붕괴 등을 일으켜 안정핵으로 변한다.

우라늄의 방사성 계열

원자핵이 계속해서 붕괴할 때 마지막에 도달하는 원자핵은 대부분 납(Pb)이 된다. 다시 말해 납은 가장 안정된 원자핵이다.

이러한 원자핵의 방황 경로는 출발 원자핵과 도달 원자핵 그리고 중간 경로에 따라 다양하다. 그 대표적인 것으로 우라늄 계열, 토륨 계열, 악티

그림 4·10　붕괴 계열의 하나인 우라늄 계열

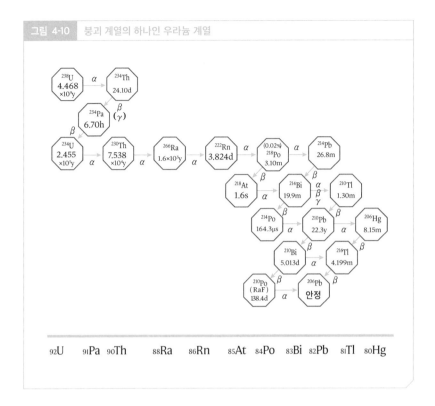

뉴 계열, 넵투늄 계열 등 4가지 계열이 있다.

그림 4-10에 나타낸 것은 이러한 방사성 계열의 하나이며 우라늄 동위

원소 ^{238}U에서 시작되므로 우라늄 계열이라고 할 수 있다.

❶ 붕괴 계열의 반응

그림의 가로축은 원자번호(Z)다. 팔각형 테두리 안에 적혀 있는 것은 핵종

(원자핵의 종류)과 반감기다. 원자번호, 질량수 모두 오른쪽으로 갈수록 작

아진다. 그리고 화살표를 따라 적혀 있는 것이 붕괴의 종류다. 계열이 매우 복잡하지만 최종적으로는 납의 동위 원소 중 하나인 ^{206}Pb로 끝난다.

우라늄 계열의 최초 반응에서는 ^{238}U가 α붕괴하여 원자번호가 2만큼 작은 토륨 ^{234}Th로 변한다. 이것이 계속해서 β붕괴를 하여 원자번호가 1 증가한 프로트악티늄 ^{234}Pa로 변하고 그 후 다시 한 차례 β붕괴하여 다시 우라늄 동위 원소 ^{234}U로 돌아간다.

여기서부터는 α붕괴를 반복하여 오른쪽 아래의 복잡한 붕괴 상태에 도달한다. 그로부터 $\alpha \cdot \beta \cdot \gamma$붕괴를 복잡하게 반복하며 에너지를 계속 방출하고 마지막으로 가장 안정적인 ^{206}Pb로 정착한다.

❷ 방사성 동위 원소의 운명

방사성 계열은 방사성 동위 원소의 운명을 나타낸다.

땅속의 우라늄은 이러한 변화를 쉬지 않고 반복하고 있으므로 우라늄 광맥에서는 우라늄뿐 아니라 계열을 구성하는 전핵종이 존재하게 된다. 그리고 그 붕괴에 근거한 에너지를 땅속으로 계속 방출하고 있다. 이것이 지구를 따뜻하게 하는 에너지가 되고 있다.

도중에 라듐이 되고, 라돈이 되고 물에 녹아 온천에 얼굴을 내밀어 환영받거나 기체로 지하실에 나타나 미움을 사기도 한다.

원자핵은 138억 년 전에 시작된 원자의 변천 역사 속에 저장된 에너지를 지금에 이르기까지 조금씩 방출하여 우리에게 도달하고 있다.

방사선과 원자핵 반응

원자핵 붕괴를 보고 왔는데, 이는 원자가 아무런 영향을 받지 않고 이른바 제멋대로 붕괴해가는 반응이다. 원자핵 반응에는 2개의 원자핵이 충돌하여 발생하는 반응도 있다.

❶ 핵의 충돌에 의한 반응

그림 4-11과 같이 원자핵 A와 B 2개가 핵융합을 일으켜 새로운 원자핵 C가 되는 반응은 일반적으로 반응식 ①로 나타낸다. 또한 A와 B가 반응하여 D와 E가 생기는 반응도 있다(반응식 ②).

이러한 반응에서도 원자번호와 질량수는 보존된다.

❷ 현대의 연금술

연금술은 중세 유럽에서 발달한 화학적 방법으로 **철과 납 등의 비금속을 귀금속인 금으로 바꾸려는 기술**이었다. 그러나 중세에는 이런 실제 기술이 없었기 때문에 연금술은 모조리 실패했고 연금술사는 사기꾼처럼 보이기도 했다.

그림 4-11	핵융합으로 새로운 원소가 태어난다

$$_b^a A + {}_d^c B \longrightarrow {}_{b+d}^{a+c} C \qquad \text{(반응식 ①)}$$

$$_b^a A + {}_d^c B \longrightarrow {}_f^e D + {}_h^g E \quad \text{(반응식 ②)}$$

$$a+c=e+g \qquad b+d=f+h$$

그런데 현대 기술을 이용하면 연금술이 가능하다는 사실을 알고 있는가? 오늘날의 과학 기술이라면 어떤 원소를 다른 원소로 변환하거나 완전히 새로운 원소를 만들 수 있다.

그림 4-12의 반응식 ③은 수은 ^{196}Hg으로 금 ^{197}Au를 만들 수 있는 식이다. 2단계의 반응은 궤도전자포획이라 해서, 원자핵 안에 있는 양성자가 전자구름의 전자와 반응하여 중성자가 되는 반응이다. 이렇게 생성되는 원자핵은 기존의 원자핵과 질량수가 같고 원자번호는 1만큼 줄어든다.

계산에 따르면, 대형 상용 원자로에서 1L(13kg)의 수은을 1년간 계속해서 조사(광선이나 방사선 등을 쬐는 것-옮긴이)하면 10g의 금을 얻을 수 있다고 한다. 2024년 4월 11일 기준 금 1g의 가격은 10만 원이므로 10g에 100만 원이다. 원자로 임대료와 전기료가 얼마나 될지 알 수 없지만 금은 역시 귀금속 전문 상가에서 사는 편이 훨씬 쌀 것이다.

중세의 연금술사들이 이 이야기를 듣는다면 어떤 생각을 할까? '연금술이 성공했다'라며 기뻐할까? 아니면 '연금술은 돈이 되지 않는다'라며 슬퍼할까?

나는 기뻐하리라 생각한다. 지금은 흔히 연금술을 사기의 일종처럼 말하지만 중세에는 연금술이 진지한 과학철학이었다. 수많은 유능한 과학자가 몸과 마음을 바쳐 연구한 학문영역이다. 뉴턴도 연금술을 진지하게 연구한 사람 중 하나였다.

반대로 반응식 ④와 같이 보통의 금(^{197}Au)에 중성자를 조사하면 질량수가 1 증가해 불안정한 금(^{198}Au)이 되는데 이것은 곧 β붕괴하여 원자번호

그림 4-12   수은으로 금을 만든다

$$^{196}_{80}\text{Hg} + ^{1}_{0}\text{n} \longrightarrow ^{197}_{80}\text{Hg} \xrightarrow{\text{궤도전자포획}} ^{197}_{79}\text{Au} \text{ (반응식 ③)}$$

$$^{197}_{79}\text{Au} + ^{1}_{0}\text{n} \longrightarrow ^{198}_{79}\text{Au} \xrightarrow{\beta\text{붕괴}} ^{198}_{80}\text{Hg} \text{ (반응식 ④)}$$

가 1 증가함으로써 수은(^{198}Hg)이 된다.

이것도 원소변환이다. 과거에는 엄청난 발견이었을 것이다.

그러나 현대에 값비싼 금을 가격도 저렴한 데다 공해의 원흉처럼 여겨지는 수은으로 바꾸는 일을 연구 이외의 목적으로 행하는 사람이 있을 리가 없다.

❸ 새로운 원소의 창조

서로 다른 두 종류의 원자핵 사이에서 일어나는 원자핵 반응을 이용하면 완전히 새로운 원소를 만들어낼 수 있다. 원자번호 93 이상인 원자는 초우라늄 원소라 한다. 이는 자연계에 존재하지 않는 인공 원소인데, 주기율표에는 118번 원소까지 나열되어 있다. 이 원소 중 대부분은 이러한 원자핵 반응으로 합성되었다.

인공 원소의 이름은 발견자 즉 최초로 만든 개인, 연구소, 국가의 뜻을 따른다. 어떤 이름이든 붙일 수 있다.

일본인이 만든 인공 원소 니호늄

원자번호 113 원소의 이름은 니호늄으로, 원소기호는 Nh다. 이것은 일본이 처음으로 만든 원소다. 그래서 일본의 이름을 따서 니호늄이라 부른다.

일본의 이화학연구소가 2004년 니호늄 합성에 성공했다. 광속의 10%(초속 약 3만 km)까지 가속된 아연 동위 원소 ^{70}Zn을 비스무트의 동위 원소 ^{209}Bi와 충돌시켜 '113번 원소'의 합성에 성공했다(반응식 ⑤).

생성된 113번 원소의 원자핵은 반감기 344마이크로초(3.44×10^{-4}s)로 α 붕괴되어 렌트게늄(Rg)의 동위 원소가 된다.

같은 시기 113번 원소를 합성했다고 주장한 연구 그룹은 이화학연구소 외에도 두 그룹이 있었다. 하지만 이화학연구소 그룹이 동일 실험을 3번 반복하여 성공함으로써 그 확실성을 확보했다. 마침내 첫 합성으로부터 10년 넘게 심의를 거듭한 결과 2015년 국제순수응용화학연합(IUPAC)이 니호늄을 최종 명칭으로 인정했다.

그림 4-13 일본의 이화학연구소가 만든 인공 원소 니호늄

$$^{70}_{30}Zn + {}^{209}_{83}Bi \longrightarrow {}^{279}_{113}Nh^* \longrightarrow {}^{278}_{113}Nh + {}^{1}_{0}n \text{ (반응식 ⑤)}$$

17

방사선은 인체에
어떤 영향을 미칠까?

내부 피폭

방사선은 공포의 대상이다. 그러나 우리의 운명은 방사선을 피할 수 없다. 지구에는 사방에서 우주방사선이 쏟아져 내린다.

이 우주방사선이 그대로 땅 위로 내려앉으면 지구상의 생명체는 전멸할 것이라 한다. 하지만 우리는 건강하게 생존해 있다. 이것은 지구 대기권의 오존층 덕이다. 오존층이 우주방사선의 에너지를 줄여주는 것이다.

몸속에서 방사선을 내뿜는 탄소의 붕괴

지구에는 상공에서 우주방사선이 쏟아져 내리고 앞에서 살펴본 바와 같이 지면에서는 원자핵 붕괴에 의한 방사선이 새어 나온다. 그러나 이것은 마음만 먹으면, 예컨대 두께 1m 정도의 납으로 만든 상자 안으로 들어가면 차폐할 수 있다.

단, 그럼에도 차폐할 수 없는 방사선이 있다. 그것은 **우리의 몸 안에서 발생하는 방사선**이다. 즉 내부 피폭이다. 이것은 체내에서 발생하는 방사선 때문에 생기는 피폭이므로 피할 방법이 없다. 게다가 내부 장기는 피부도 없고 약하기 때문에 방사선의 영향을 고스란히 받는다.

체내에서 방사선을 방출하는 몇 가지 원소가 있다. 그중 하나가 탄소다. 보통의 탄소는 질량수 12의 ^{12}C이지만 이 탄소의 동위 원소에 ^{14}C가 있다. 이것은 전체 탄소 원자의 고작 $1.2 \times 10^{-8}\%$밖에 포함되어 있지 않지만, 반드시 포함되어 있다. 이것이 β선을 방출해 질소(^{14}N)로 변한다. 다시 말해 우리는 항상 이 β선의 내부 피폭을 받는 것이다.

$$^{14}C \rightarrow e(\beta선) + {}^{14}N$$

뇌의 정보 전달에 작용하는 칼륨의 붕괴

우리 몸에서 방사선을 배출하는 또 다른 원소는 칼륨(K)이다. 칼륨은 뇌의 정보 전달에서 중요한 기능을 한다. 정보가 신경세포 속을 이동할 때는 세포 속 칼륨 이온(K^+)이 세포 밖으로 나가고 대신 나트륨 이온(Na^+)이 들어온다. 이 변화에 기초한 신경세포의 전위 변화가 정보가 되어 전달된다.

칼륨은 대부분 비방사성 ^{39}K이지만 0.012%의 방사성 ^{40}K가 포함된다. 이것이 β선을 배출하여 칼슘(^{40}Ca)으로 변한다.

$$^{40}K \rightarrow e(\beta선) + {}^{40}Ca$$

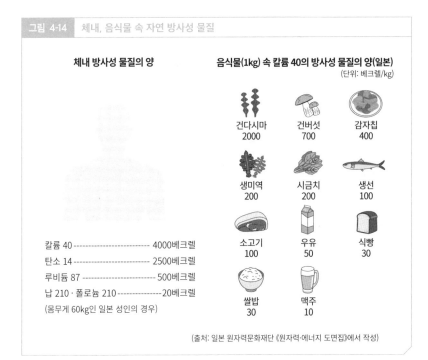

그림 4-14 체내, 음식물 속 자연 방사성 물질

체내 방사성 물질의 양

음식물(1kg) 속 칼륨 40의 방사성 물질의 양(일본)
(단위: 베크렐/kg)

건다시마
2000

건버섯
700

감자칩
400

생미역
200

시금치
200

생선
100

소고기
100

우유
50

식빵
30

쌀밥
30

맥주
10

칼륨 40 ----------------------- 4000베크렐
탄소 14 ----------------------- 2500베크렐
루비듐 87 ----------------------- 500베크렐
납 210 · 폴로늄 210 -------------- 20베크렐
(몸무게 60kg인 일본 성인의 경우)

(출처: 일본 원자력문화재단《원자력·에너지 도면집》에서 작성)

인공 방사성 원소의 붕괴

탄소나 칼륨은 우리가 피할 수 없는 천연 상태로 존재한다. 그에 비해 원자 폭탄 폭발이나 원자로 사고에서는 인공 방사성 원소가 방출된다.

이들 중 요오드(I)의 동위 원소 ^{131}I, 세슘(Cs)의 동위 원소 ^{137}Cs, 스트론튬(Sr)의 동위 원소 ^{90}Sr 등이 대표적 원소다. 이것은 모두 β선을 방출한다.

이것이 몸에 달라붙거나 집 안으로 들어오기만 해도 위험한데, 하물며 공기나 음식물에 섞여 체내로 들어가게 되면 더욱 위험하다.

그리고 더욱 심각한 문제는 농도다. 무턱대고 과민하게 반응할 필요는 없지만, 만약 가까운 곳에서 원자핵과 관련된 사고가 발생하면 당국의 지시에 따라 신중하게 행동해야 한다.

❶ 방사성 요오드

핵반응과 관련된 사고가 발생하면 가장 먼저 검출되는 성분이 요오드고 그다음이 세슘, 스트론튬 순이다. 이 성분은 β선을 방출하고 몸에 쉽게 쌓이는 원소이므로 몸속에 들어오면 매우 위험하다.

요오드는 몸에 중요한 원소다. 하지만 이는 질량수 127의 요오드 127(^{127}I)일 때의 말이다. 핵분열 반응에서는 요오드의 동위 원소인 ^{131}I가 생성된다. 이것은 보통의 요오드와 달리 방사성 물질이기 때문에 방사성 요오드라 부른다.

^{131}I는 β선을 방출하여 크세논(Xe)으로 변한다. 이 β선이 우리 몸에 나쁜 영향을 미치는 것이다.

요오드는 우리 몸의 갑상선에 축적되고 그곳에서 갑상선 호르몬인 티록신이 되어 체내의 다양한 장기로 공급된다. 따라서 방사성 요오드를 섭취하면 갑상선에 손상을 주고 어린아이의 경우에는 갑상선암에 걸릴 확률이 높아진다.

❷ 방사성 요오드의 방어

체내에 방사선 요오드가 축적되는 것을 막기 위해서는 요오드제를 복용하는 방법이 있다. 이것은 사전에 갑상선을 일반 요오드로 채워 방사성 요

그림 4-15　요오드제의 효과

100mg의 요오드제(요오드화칼륨=KI)를 투여했을 때의 ^{131}I 섭취방지 비율

투여시기	^{131}I 섭취방지율
피폭 24시간 전 투여	약 70% 방어 가능
피폭 12시간 전 투여	약 90% 방어 가능
피폭 직전 투여	약 97% 방어 가능
피폭 3시간 후	약 50% 방어 가능
피폭 6시간 후	방어할 수 없다

오드가 체내에 들어오더라도 갑상선에 침투하지 못하게 예방하는 것이다.

그러나 요오드제의 효과는 복용 시기에 큰 영향을 받으므로 피폭 직전에 먹는 것이 중요하다. 피폭 후에 먹었다면 효과에 한계가 있다. 또한 예방을 위해서라도 너무 이른 시간에 복용하면 효과가 감소한다.

❸ 방사성 스트론튬

자연계에 존재하는 스트론튬(Sr)의 대부분은 ^{86}Sr(9.9%), ^{87}Sr(7.0%), ^{88}Sr(82.6%)이지만 핵분열에서는 ^{89}Sr, ^{90}Sr이 생성된다. 이들은 모두 β선을 방출한다. 반감기는 ^{89}Sr은 약 50일 정도로 짧지만 ^{90}Sr은 대략 29년 정도로 길기 때문에 위험하다.

스트론튬은 주기율표에서 보면 칼슘(Ca)과 같은 2족 원소다. 따라서 체내에 들어가면 칼슘과 치환해 뼈에 축적되고 장기간에 걸쳐 β선을 계속 방출하기 때문에 매우 위험하다.

방사성 물질을 예방하는 방법은?

눈에 보이지 않는 방사선을 막는 방법에는 차폐가 있다. 이것에 관해서는 앞에서 설명한 바와 같다.

그리고 방사선을 방출하는 방사성 물질은 미세한 입자로 생각할 수 있다. 따라서 이것을 막는다는 것은 꽃가루를 막으려는 것과 같다.

방사선 대책의 첫 번째는 먼저 독소를 퍼뜨리는 꽃가루, 즉 방사성 물질에 접근하지 않는 것이다. 방사성 물질은 일단 접촉하지 않는 것이 가장 좋다. 구체적인 방어 방법에 관해서는 31에서 소개한다.

18

현대 의료에 꼭 필요한 방사선

의료 이용과 살균 효과

방사선(방사능)이라고 하면 무서운 존재라는 이미지를 떠올리기 마련이다. 하지만 방사선은 공포의 대상만은 아니며, 우리에게 도움이 되기도 한다.

암 치료의 미래를 담당할 중입자선

방사선은 현대 의료와 밀접하게 연결되어 있다. 뼈대나 내부 장기의 상태를 검사하는 엑스레이 사진에서 사용하는 X선은 방사선의 일종이다. 이렇게 보면 지금까지 방사선에 신세 진 적이 없다고 말할 수 있는 사람은 거의 없을 것이다.

성인이라면 누구나 지금까지 흉부 X선 사진을 여러 차례 찍어보았을 것이다. 사람에 따라서는 바륨을 마시고 위 X선 검사를 받은 적도 있을 것이다. 당연히 정밀 CT 검사를 받은 사람도 있을 것이다.

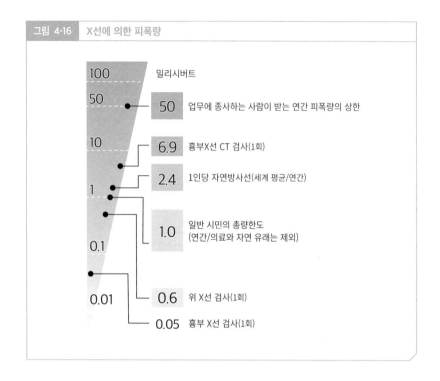

그림 4-16 X선에 의한 피폭량

밀리시버트

100

50 — **50** 업무에 종사하는 사람이 받는 연간 피폭량의 상한

10 — **6.9** 흉부X선 CT 검사(1회)

— **2.4** 1인당 자연방사선(세계 평균/연간)

1

— **1.0** 일반 시민의 총량한도
(연간/의료와 자연 유래는 제외)

0.1

0.01 — **0.6** 위 X선 검사(1회)

— 0.05 흉부 X선 검사(1회)

이 같은 X선 촬영은 명백히 방사선에 의한 외부 피폭이다. 다만 그 피폭량이 그림 4-16과 같이 매우 적기 때문에 건강에 문제가 생기지는 않는다.

최근에는 양성자와 탄소(C), 네온(Ne) 등의 원자핵을 가속한 중입자선에 주목하고 있다. 이것은 에너지와 방향을 제어해 체내에 도달하는 방향과 깊이를 정밀 조절할 수 있다.

그러면 암세포만을 직접 공격해 없앨 수 있다. 이것은 암세포를 제거하는 수술 요법과 동일한 효과를 얻으면서도 환자의 몸이 받는 부담은 덜 수 있어 앞으로의 미래가 기대된다.

방사선에는 살균 효과가 있다

방사선은 생물에게 손상을 주므로 마찬가지로 세균에도 피해를 준다. 이는 즉 살균과 소독에도 사용할 수 있다는 말이다. 특히 열에 약하여 고온 살균을 할 수 없거나 약품 살균을 하고 싶지 않을 경우 효과적이다.

이 살균법은 의료 분야에서는 효과적이지만 일본에서는 음식물의 살균 목적의 방사선 사용은 금지하고 있어 음식물 보존에는 이용할 수 없다.

그런데 예외적으로 감자 보존에 방사선을 이용하고 있다. 보존 중인 감자가 싹을 틔우면 그 부분에 독성 물질인 솔라닌이 생성된다. 이 때문에 감자에 방사선을 조사해 싹이 트는 기능을 상실시키는 것이다.

이 목적에는 코발트(Co)의 동위 원소인 인공 원소 ^{60}Co가 방사하는 β선을 이용한다. 자연에 존재하는 코발트는 ^{59}Co이며 방사선을 방출하는 능력(방사능)은 없다.

현재는 전용 시설에서 방사선으로 감자의 발아를 막고 있다. 방사선을 조사한 감자는 그 사실을 명시하도록 의무화하고 있어, 이것이 방사선을 조사하지 않은 감자에 섞여 판매되는 일은 생기지 않는다.

제 5 장

원자력 발전의 구조를
살펴보다

19

원자력 발전의 원자로는
화력 발전의 보일러와 같다

원자핵 반응인가 화학 반응인가

드디어 원자력 발전 이야기에 접어들었다.

원자력 발전이란 원자핵 반응에서 발생한 에너지를 이용하여 전기를 일으키는 것이다. 조금 더 정확히 말하면 원자력 발전이란, ①원자로에서 원자핵 반응으로 발생한 에너지를 이용해 ②발전기로 전기를 일으키는 것이다.

여기서 **원자로란 내부에서 원자핵 분열 반응을 일으켜 발생한 에너지를 열로 추출하는 장치**다. 즉, 원자로는 화석 연료를 태워 열에너지를 추출하는 보일러와 같다. 원자로에서 추출한 에너지는 일반 열에너지와 동일하므로 어디에 사용하든 자유지만 현재는 오로지 원자력 발전에 사용하고 있다.

여기서 원자로와 발전에 관해 다음과 같은 의문이 생길 것이다.

"원자폭탄과 같은 핵분열을 견디는 반응 용기를 만들 수 있는가?"

"핵분열을 일으키는 방사성 물질에 무엇을 사용할 것인가?"

"방사성 물질을 폭발시키지 않고 핵분열을 일으킬 수 있는가?"

지금부터 원자로의 원리와 실제를 자세히 살펴보기로 하자.

자연계의 전기는 이용할 수 없다

전기는 자연계에 많이 존재한다. 예컨대 번개가 그것이다.

원자는 전자와 양성자라는, 전하를 가진 두 입자로 구성되어 있다. 바닷물 속의 염화나트륨(NaCl)은 전하입자(이온)인 나트륨 이온(Na^+)과 염화물 이온(Cl^-)으로 분리되어 녹아 있다. 번개는 지상의 전하와 구름 전하 사이의 쇼트다.

그러나 석탄이나 우라늄 등의 물질과 달리 자연계의 전기 에너지를 추출해 이용하는 것은 쉽지 않다. 지금도 번개의 에너지를 전기 에너지로 추출하는 것은 불가능하다고 해도 좋다.

현재로서는 전기를 이용하려면 인간이 직접 전기를 만들어내야 한다.

번개의 전기 에너지는 이용할 수 없다.

발전 구조는 모두 동일하다

전기를 만드는 데는 여러 가지 방법이 있다. 대표적인 것으로는 풍력 발전, 수력 발전, 화력 발전, 지열 발전, 자전거의 발전기, 건전지, 태양전지, 수소 연료전지 등을 들 수 있다. 이 중에 전지를 제외하면 모든 발전은 발전기를 이용한 것이다.

발전기는 코일 속에 설치한 자석을 회전시켜 코일에 유도전류를 일으키고 그것을 외부로 추출해내는 장치다. 자석을 회전시키는 구조와 에너지에 따라 풍력 발전, 수력 발전 등으로 나누어진다.

가장 이해하기 쉬운 발전이 풍력 발전으로, 풍차의 회전축 끝에 자석을 붙인 것이다. 바람이 불면 풍차의 블레이드가 돌아가고 그에 따라 자석이 회전한다.

수력 발전도 비슷한 구조다. 바람 대신에 수류를 이용해 터빈을 돌린다.

그림 5-1　발전기의 원리

코일

자석

이 발전 장치를 수류가 있는 강에 설치해도 발전할 수 있지만, 대체로 대규모 댐을 만들어 물을 가두고 그 물을 낙차를 이용해 떨어뜨려 터빈을 돌린다.

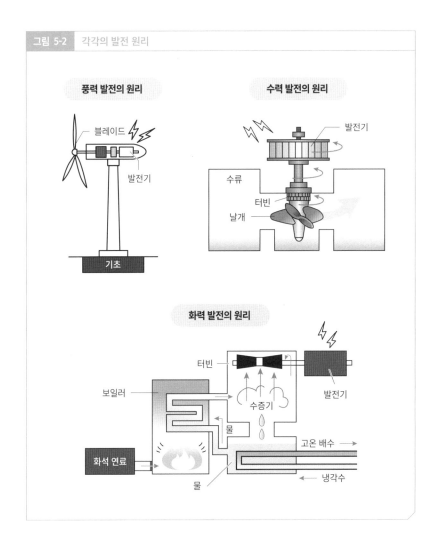

그림 5-2 각각의 발전 원리

풍력 발전의 원리

블레이드

발전기

기초

수력 발전의 원리

발전기

수류

터빈

날개

화력 발전의 원리

터빈

보일러

수증기

발전기

물

화석 연료

고온 배수

물

냉각수

자전거의 발전기는 타이어의 회전으로 발전기의 터빈을 돌린다.

화력 발전도 같은 원리다. 다만 터빈을 돌리는 데 수증기를 사용한다. 따라서 수증기를 만드는 장치와 에너지가 필요하다. 수증기는 물을 가열해 끓이기만 하면 된다. 주전자로 물을 끓이는 것과 같다. 화력 발전에서는 주전자 대신 보일러를 이용해 연료로 석탄, 석유, 천연가스 등의 화석 연료를 사용한다.

원자력 발전의 원리

원자력 발전 또는 원자로라고 하면 원자로에서 발생한 원자력이 있는 그대로 전력으로 변한다고 생각하지 않을까? 혹은 원자력＝전력이라고 생각하지 않을까?

원자력 발전은 그렇게 초미래적인 발전 방법은 아니다. 아니, 그와는 반대로 원리는 이전까지의 발전 장치와 마찬가지로 원시적이다. 수증기로 발전기를 돌려 전기를 만든다. 다시 말해 원자력 발전은 화력 발전과 완전히 동일한 원리다.

그러면 '원자력, 원자로는 무슨 일을 할까?'라고 생각할지도 모르겠지만 원자로는 수증기를 만드는 보일러 역할을 할 뿐이다. 원자력은 보일러의 불에 해당하며 화석 연료와 동일한 역할을 한다.

간단히 말해 원자로는 '고급형 보일러', 좀 더 쉽게 말하면 초호화 주전자에 지나지 않는다.

원자로의 연료, 다시 말해 우라늄 등의 핵연료는 가스레인지로 물을 끓이는 '도시가스'나 난로에서 태우는 '연탄'과 같은 역할을 할 뿐이다.

원자력 발전 장치의 구성

원자력 발전 장치는 '원자로'와 '발전기'라는 두 부분으로 구성된다.

그중 발전기는 기존의 화력 발전용 발전기와 완전히 같아서 회전하여 전기를 만든다.

원자로는 보일러에 해당하는데, 원자로와 보일러의 차이는 **수증기를 만드는 데 '원자핵 반응'을 사용할 것인가, '화학 반응'을 사용할 것인가** 하는 점이다.

다시 말해, 보일러는 탄소연료를 태워 발생하는 연소 에너지 즉 '화학 에너지'를 이용해 수증기를 만드는 데 반해, 원자로는 핵분열에 기초한 원자핵 에너지인 '원자력'을 그 에너지로 사용한다는 차이가 있을 뿐이다.

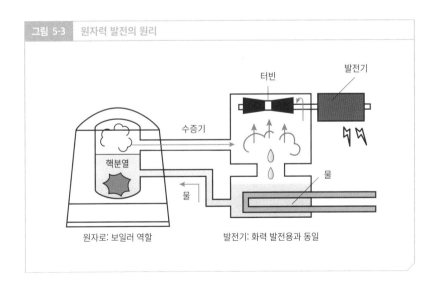

그림 5-3 원자력 발전의 원리

20

현재의 원자력 발전은 핵분열 반응만 이용

연쇄 분지 반응과 정상 반응

앞에서 본 바와 같이 원자핵 반응에는 여러 종류가 있다. 그에 따라 원자력 발전도 여러 종류를 고려하여 연구하고 시행하고 있다. 하지만 현재, **원자력 발전으로서 실용화된 원자핵 반응은** 핵분열 반응**뿐**이다.

그리고, **원자력 발전에는 주로** 우라늄(U) 원자핵을 이용**한다.**

연쇄 분지 반응을 일으키면 폭발하게 된다

앞에서 우라늄의 핵분열은 연쇄적으로 진행됨을, 그중에서도 지수 함수적으로 반응 횟수가 늘어나는 '연쇄 분지 반응'임을 살펴보았다.

연쇄 분지 반응에 따르면 반응 규모는 점차 확대되고 기하급수적으로 커져 마침내는 폭발하게 된다.

이에 비해 같은 연쇄 반응이라도 증식하지 않고 단순히 연쇄 반응만 일

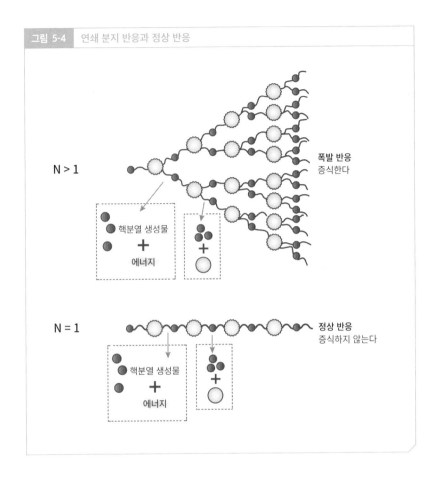

그림 5-4 연쇄 분지 반응과 정상 반응

N > 1

핵분열 생성물

+

에너지

폭발 반응
증식한다

N = 1

핵분열 생성물

+

에너지

정상 반응
증식하지 않는다

어나는 정상 반응은 반응 규모가 항상 일정하게(정상적으로) 변해 폭발로 이어지지 않는다.

그렇다면 연쇄 분지 반응과 단순한 연쇄 반응을 무엇으로 구분할까? 바로 한 번의 핵분열로 발생하는 '중성자의 개수 N'이다.

핵분열 반응의 규모를 결정하는 중성자 수

1회 반응에서 발생하는 중성자의 개수가 만약 1개라면 반응은 언제까지나 1^n이며 반응 규모가 확대되지 않는다. 같은 규모의 반응이 연속되는 정상 반응이 된다.

1개 이상인 경우에만 반응이 점차 심화하고 결국은 폭발하게 된다.

반대로 1개 미만이라면 반응은 점점 규모가 작아져 마침내는 끝나버려 소화 상태가 된다.

원자로의 반응이 정상 상태가 될지 아니면 폭발 상태가 될지, 좀 과장되게 말하자면 '원자로가 원자로로 계속 존재할 것인가, 아니면 폭주하여 원자폭탄이 될 것인가' 하는 것은 1회 반응에서 발생하는 중성자의 개수로 결정된다.

결국 1회 반응에서 발생하는 중성자의 개수를 N이라고 했을 때 정리하자면 다음과 같다.

$$N > 1: 폭발 \qquad N = 1: 정상\ 반응 \qquad N < 1: 소화$$

그러나 한 번의 핵분열에서 몇 개의 중성자가 발생할지는 우라늄 235(^{235}U) 원자핵의 사정에 달렸다. 인간의 형편을 밀어붙인다고 원자핵이 들어줄 리가 없다.

그러면 어떻게 하면 좋을까? 원자로가 원자폭탄으로 변하면 큰일이다.

이때 제어재가 등장하게 되는데, 나중에 자세히 살펴보도록 한다.

21

현재의 핵연료는
우라늄의 독무대

우라늄에 관한 지식

원자로 안에서 핵분열을 일으키는 방사성 물질을 일반적으로 핵연료라고
한다. 연료란 산소와 연소 반응을 일으켜 연소 에너지가 발생하는 물질을
가리킨다. 따라서 핵분열 반응에서 에너지를 발생시키는 방사성 물질은 정
확히 말해 연료는 아니지만 일반적으로 핵연료라고 말하므로 이 책에서도
그것을 따르기로 한다.

현재 전 세계에서 가동 중인 원자로는 거의 모두가 핵연료로 우라늄(U)
을 사용한다. 우라늄 이외에도 연료로 사용할 수 있는 원소는 있지만 굳이
우라늄이 사용되는 이유는 나중에 살펴보도록 한다.

우라늄의 일반 성질

우라늄은 핵연료로 잘 알려져 있는데 의외로 그 외의 성질은 잘 알려지지

않았다.

은백색 금속의 우라늄은 융점이 1,130℃로 철(융점 1,535℃)보다 낮고 구리(1,084℃)와 같은 정도다. 밀도는 19.1g/cm³로 철(7.9g/cm³)은 물론 납(11.4g/cm³)이나 수은(13.5g/cm³)보다 크고 금(19.3g/cm³)이나 백금(21.5g/cm³)에 필적할 만한 초중량급 금속이다.

덧붙이자면, 가장 밀도가 큰 원소는 귀금속 원소의 하나인 오스뮴(Os)으로, 22.587g/cm³이다.

한때 우라늄은 타일의 노란 유약이나 연두색의 형광색을 발하는 우라늄 유리의 원료로 사용했다. 물론 방사선을 방출하기 때문에 위험하긴 하지만 그 이상으로 중금속으로서의 화학 독성 쪽이 더 위험하다고 알려져 있다.

현재 우라늄 유리는 생산하지 않는다. 만약 구하고 싶다면 골동품 가게를 찾을 수밖에 없다. 우라늄 유리는 복고풍의 따뜻한 느낌을 주는 연노란색의 반투명 유리다.

핵연료가 되는 농축 우라늄이 만들어지기까지

❶ 우라늄의 채굴

원자력 발전이라고 했을 때 연료 걱정이 없다고 생각하는 사람이 있을 수 있다. 천만의 말씀이다. **우라늄의 가채연수는 70년으로, 석유나 천연가스와 비슷한 정도다.**

그런데 우라늄은 농도가 낮기는 하지만 바닷물에 녹아 있기 때문에 앞

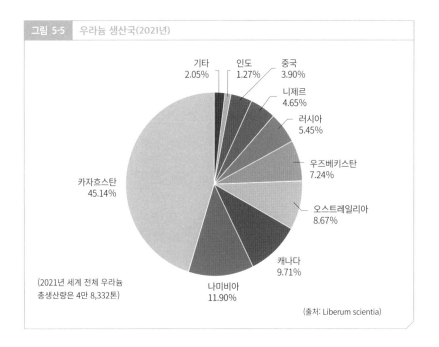

그림 5-5 우라늄 생산국(2021년)

기타
2.05%

인도
1.27%

중국
3.90%

니제르
4.65%

러시아
5.45%

우즈베키스탄
7.24%

오스트레일리아
8.67%

캐나다
9.71%

나미비아
11.90%

카자흐스탄
45.14%

(2021년 세계 전체 우라늄
총생산량은 4만 8,332톤)

(출처: Liberum scientia)

으로 우라늄 광산이 고갈되면 바닷물에서 추출할 수도 있을 것이다. 바닷물 속 우라늄을 이용한다면 우라늄이 고갈될 염려는 없다고 한다. 이를 위한 기초기술이 실험실 수준에서는 완성되어 있지만 비용 문제가 있어 지금은 오로지 광산에서 우라늄석으로 채취하고 있다.

우라늄석에는 퀴리 부인이 폴로늄과 라듐을 발견한 광석으로 유명한 피치블렌드나 일본의 우라늄 매장지로 유명한 인형고개(시마네현과 오카야마현의 경계)의 이름이 붙은 인형석 등이 있는데 각각 원소의 조성이 복잡하다. 그중에서 '우라니나이트(섬우라늄석)'는 조성이 단순하고 사용이 쉬운데 주성분은 이산화우라늄(UO_2)이라 한다.

❷ 우라늄 정제

광산에서 막 캐낸 우라늄 광석은 그대로는 연료로 쓸 수 없다. 우라늄 광석에서 금속 우라늄을 추출해 정제해야 한다.

추출을 위해서는 먼저 우라늄 광석을 황산(H_2SO_4)에 녹여 우라늄의 황산염($UO_2(SO_4)$) 수용액으로 만든다. 이 용액에 수산화나트륨(NaOH)을 추가하면 우라늄 함유율 60% 정도의 조성이 복잡한 분말을 얻을 수 있다.

이는 선명한 노란색을 띠기 때문에 일반적으로 옐로케이크라 부른다. 국제 시장에서 우라늄으로 거래되는 물질이 바로 이 옐로케이크다.

우라늄의 농축

자연에 존재하는 우라늄은 7종류 정도의 동위 원소가 혼합된 물질이지만 주요 동위 원소는 질량수 238의 우라늄 238(^{238}U)과 질량수 235의 우라늄 235(^{235}U)이며 그 존재도는 ^{238}U가 약 99.3%, ^{235}U가 약 0.7%로 ^{238}U가 압도적으로 많다.

그런데 핵분열을 일으켜 핵연료가 되는 것은 ^{235}U 쪽이다. 당연한 이야기지만, 현재 전 세계에서 가동하고 있는 원자로는 거의 모두가 ^{235}U를 연료로 사용한다.

그리고 군사용(원자폭탄의 원료용)으로 플루토늄(Pu)의 생산을 목적으로 하는 쓰임이 특별한 원자로는 별도로 하고, 그 이외의 평화적 이용을 목적으로 하는 원자로에서는 ^{235}U의 농도를 몇 % 높일 필요가 있다. 이것을 우라늄 농축이라고 한다.

❶ 우라늄의 기화

동위 원소의 혼합물인 천연 우라늄에서 ^{235}U만을 분리하는 작업은 매우 어려운 일이다. 동위 원소는 원자번호가 같은 원소이기 때문에 화학적 성질에 차이가 없다. 따라서 화학적인 조작으로 동위 원소를 분리할 수 없다. 효과적인 수단은 동위 원소를 무게의 차이에 따라 나누는 물리적, 기계적 수단이다. 다시 말해 원심분리에 의한 분리다.

그러나 이를 위해서는 고체 금속인 우라늄을 기체로 만들어야 한다. 이를 위해 사용하는 것이 우라늄의 기체 분자, 육불화우라늄(UF_6)이다. 옐로케이크를 UF_6로 바꾸는 조작을 전환이라고 한다.

전환을 위해서는 옐로케이크를 질산(HNO_3)으로 녹인 후에 질산 분량을 제외하고 삼산화우라늄(UO_3)으로 만든다. 이를 수소로 환원하여 이산화우라늄(UO_2)으로 만든 후, 불화수소(HF)와 반응시켜 사불화우라늄(UF_4)을 얻는다. 이는 녹색 고체이기 때문에 그린 솔트라고 한다. 그리고 이 UF_4에 불소(F_2)를 반응시키면 목표하는 UF_6를 얻을 수 있다.

❷ 원심분리

지금까지의 조작은 화학적이지만 농축은 기계적이고 단순한 방법이다. 기체 UF_6를 원심분리기에 넣으면 무거운 $^{238}UF_6$는 주변부로 가고 가벼운 $^{235}UF_6$는 중심부에 남는다. 하지만 둘의 질량수(상대적인 무게)는 235와 238로 차이는 1% 남짓이다. 그 차이만을 단서로 둘을 분리해야 한다.

이를 위해서는 원심분리를 반복할 수밖에 없다. 우선 원심분리기를 가동

시킨 후 중심부만을 꺼낸다. 그
리고 그것을 다시 원심분리기
에 넣고 작동시킨다. 또다시 중
심부를 꺼내고 가동한다. 이
같은 단순 작업을 하고 또 하
고 계속해서 반복한다.

이렇게 농축된 ^{235}U를 '농축
우라늄'이라 한다. 원자로의 연
료로 활약할 화려한 무대가 이
것을 기다리고 있다.

| 그림 5-6 | 원심분리법 |

연한 색 동그라미는 우라늄 235, 진한 색 동
그라미는 우라늄 238

연료봉은 우라늄 235의 괴

기체인 육불화우라늄으로 농축한 ^{235}U는 환원하여 금속 우라늄이 된 후
산화되어 이산화우라늄(UO_2)이 되고 마침내 원자로의 연료가 된다.

그러나 우라늄은 난로에 지피는 석탄처럼 원자로의 뚜껑을 열고 집어넣
는 것이 아니다. 연료체라는 엄격하고 정밀한 구조물로 만들어진다.

이산화우라늄은 지름 8mm, 높이 10mm 정도의 검은색 펠릿으로 단단
하게 굳힌다. 그리고 지르코늄(Zr) 합금인 지르칼로이로 만든 원통 용기 안
에 이 펠릿을 여러 개 겹쳐서 채워 넣은 것을 연료봉이라고 한다. 이 연료봉
을 여러 개 묶은 것이 연료 집합체이며, 길이 4m 정도의 사각기둥이 된다.
이것을 원자로 안에 장착한다.

제5장 원자력 발전의 구조를 살펴보다

그림 5-7 우라늄 연료의 가공 공정

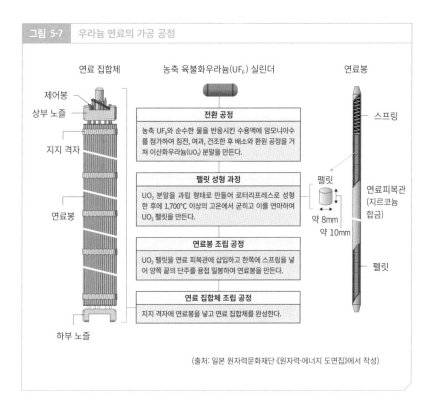

연료 집합체 　　　 농축 육불화우라늄(UF₆) 실린더 　　　 연료봉

제어봉
상부 노즐
지지 격자
연료봉
하부 노즐

스프링
펠릿
약 8mm
약 10mm
연료피복관
(지르코늄
합금)
펠릿

전환 공정
농축 UF₆와 순수한 물을 반응시킨 수용액에 암모니아수를 첨가하여 침전, 여과, 건조한 후 배소와 환원 공정을 거쳐 이산화우라늄(UO₂) 분말을 만든다.

펠릿 성형 과정
UO₂ 분말을 과립 형태로 만들어 로터리프레스로 성형한 후에 1,700℃ 이상의 고온에서 굳히고 이를 연마하여 UO₂ 펠릿을 만든다.

연료봉 조립 공정
UO₂ 펠릿을 연료 피복관에 삽입하고 한쪽에 스프링을 넣어 양쪽 끝의 단주를 용접 밀봉하여 연료봉을 만든다.

연료 집합체 조립 공정
지지 격자에 연료봉을 넣고 연료 집합체를 완성한다.

(출처: 일본 원자력문화재단 《원자력·에너지 도면집》에서 작성)

폭탄에 사용하는 열화우라늄(감손우라늄)

원자로 연료로 쓰이는 것은 ^{235}U뿐이지만, 그 이외의 우라늄도 버리지는 않는다. 뒤에서 살펴보겠지만 ^{238}U는 앞으로 고속증식로(41 참조)가 생기면 연료로 사용할 수 있는 소중한 자원이다.

그러나 일본에서 파손 사고가 발생한 '조요'나 나트륨이 누출된 '몬주' 등 실험용 고속증식로는 불운의 길을 걸어왔다. 따라서 현재로서는 사용처를 찾지 못하고 있다.

또한, 남은 ^{238}U는 하필이면 '열화우라늄'이란 이름으로 음지(?)의 길을 걷게 되었다. 당장 쓰일 수 있는 활용 방안은 다름 아닌 '탄환'이 유일하다.

즉 우라늄은 밀도가 19.1g/cm³로 철(7.9g/cm³)에 비해 월등히 커서, 탄환으로 만들면 운동량이 커져 전차의 장갑판도 뚫고 폭탄으로 만들면 지하 깊이 들어가 적의 지하 요새도 파괴하기 때문이다. 이런 이유로 미군이 걸프전에서 사용한 적이 있다. 그러나 ^{238}U에서 나오는 방사성 물질이 전장을 더럽힌다(오염시킨다)는 지적이 있었다.

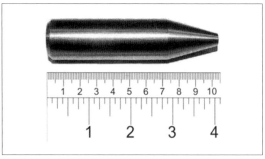

열화우라늄을 사용한 철갑탄의 탄심(미군의 30mm 기관포용)

22

핵폭발을 억제하는
제어재의 역할

중성자 흡수재

제어재로 사용되는 원소

앞서 본 바와 같이 우라늄의 핵분열 반응을 일정 상태를 유지하는 정상 반응으로 안정화시키기 위해서는 1회 분열 반응에서 발생하는 중성자 수 N을 1로 억제해야 한다. 중성자 흡수재가 그 역할을 담당한다.

'발생하는 중성자'의 개수를 인간이 어떻게 할 수는 없지만, '발생한 중성자'는 중성자 흡수재가 잠재울 수 있다.

중성자를 흡수하는 성질이 강한 원소가 존재하므로 그 원소를 매개로 원자로 속에 가라앉게 한다. 그리고 중성자가 너무 많아지면 일정량을 흡수해 처리하여 중성자 수를 조절한다. 이처럼 원자로 안의 중성자 개수를 적절히 제어하는 물질을 제어재라 한다.

제어재의 소재로는 중성자를 흡수할 확률이 높은 원소를 선택한다. 붕소(B), 카드뮴(Cd), 하프늄(Hf), 이리듐(Ir) 등이 있다. 이 중에 카드뮴, 하프늄 그리고 붕소와 탄소의 화합물인 탄화붕소(CB_4)를 자주 사용한다.

중성자 흡수재가 흡수한 중성자는 어떻게 될까?

원자로와 관련된 시설에서는 중성자 취급에 주의해야 한다. 따라서 제어재 이외에서도 중성자 흡수재가 역할을 한다. 예컨대, 스테인리스강에 붕소를 첨가한 중성자 흡수재는 내식성과 강도가 높은 우수한 소재다. 따라서 사용이 끝난 핵연료의 저장 랙, 수송 설비 등에 사용한다.

카드뮴은 공해로 유명한 도야마현의 이타이이타이병의 원인이 된 물질이지만 현대 과학에서는 원자로의 제어재, 태양전지 등의 최첨단 기술에 사용하는 중요한 원료 소재다.

그러나 이타이이타이병이 발생한 1910년대부터 1920년대 말까지는 아직 카드뮴이 등장할 단계가 아니었다.

중성자 흡수재에 흡수된 중성자는 '물질 불멸의 법칙'에 따라 사라지지 않고 어떠한 형태로 남게 된다.

중성자는 흡수재의 원자핵과 원자핵 반응을 일으킨다. 예컨대, 중성자 흡수재로 붕소(^{10}B)를 사용했을 경우의 반응을 다음과 같이 나타낸다. 중성자 ^{1}n은 ^{10}B와 반응하여 ^{7}Li와 ^{4}He, 다시 말해 α선이 된다.

$$^{10}B + {}^{1}n \rightarrow {}^{7}Li + {}^{4}He(\alpha선)$$

제 5 장 원자력 발전의 구조를 살펴보다

원자로에서 중성자 수를 제어하는 제어봉

실제로 원자로에서 중성자 수를 제어하는 역할은 제어봉이 담당한다. 이것은 중성자 흡수재로 만든 막대형 구조체로, 연료체 안에 끼워 넣는 형태로 설치한다.

제어봉은 가동 형식으로 되어 있어 연료체 속에 얼마나 깊게 삽입할지 정밀하게 제어할 수 있게 되었다. 제어봉을 깊이 삽입하면 연료체 속 중성자를 많이 흡수하기 때문에 반응이 억제된다. 반대로 제어봉을 빼내면 반응이 심해진다.

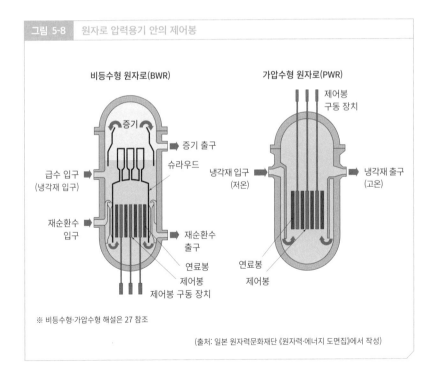

그림 5-8 원자로 압력용기 안의 제어봉

비등수형 원자로(BWR)

가압수형 원자로(PWR)

증기

증기 출구

급수 입구
(냉각재 입구)

슈라우드

재순환수
입구

재순환수
출구

연료봉

제어봉

제어봉 구동 장치

제어봉
구동 장치

냉각재 입구
(저온)

냉각재 출구
(고온)

연료봉

제어봉

※ 비등수형·가압수형 해설은 27 참조

(출처: 일본 원자력문화재단《원자력·에너지 도면집》에서 작성)

원자로에 예기치 못한 사태가 발생했을 때는 긴급 작동 장치가 가동하여 즉시 모든 제어봉이 완전히 삽입된다. 그러면 핵분열 반응이 억제되어 원자로는 완전히 정지한다.

그러나 연료체 속에 생긴 핵분열 생성물은 계속 붕괴하기 때문에 원자로는 계속해서 열을 낸다.

23

중성자의 속도를 억제하는 감속재의 역할

감속재에 적합한 소재

중성자는 전하와 자성을 모두 띠지 않는다. 말하자면 조그만 돌과 같다. 원자로 안에서는 이 조그만 돌 같은 중성자가 난무하며 원자핵과 충돌하려 한다.

빠른 중성자와 느린 중성자

핵분열로 이제 막 생긴 중성자는 많은 운동에너지를 지니고 있다. 중성자의 질량은 모두 동일하기 때문에, 운동에너지의 크기는 속도의 차이로 나타난다.

❶ 중성자의 속도

핵분열을 해 막 발생한 중성자는 초속 2만 km, 다시 말해 광속의 10분의

1 정도(광속＝초속 30만 km)의 엄청난 속도로 날아다니기 때문에 고속중성자라 한다.

한편, 이 중성자도 시간이 지나면 서로 충돌하거나 다른 물체와 충돌하면서 에너지를 잃어 속도도 초속 2.2km로 느려진다.

그럼에도 고속철보다 30배 정도 빠르지만, 고속중성자와 구별하여 이러한 중성자를 저속중성자(열중성자)라 한다.

❷ 중성자의 속도와 핵분열

우라늄 원자의 집합체인 우라늄 괴에 중성자가 뛰어들었다고 하자.

고속중성자의 경우 옆도 보지 않고 괴 속을 내달리며 그대로 괴를 통과해버린다. 앞에서 말한 도쿄돔과 구슬 관계의 원자핵에 충돌할 확률은 아무리 생각해도 크지 않다. 고속중성자는 핵분열을 일으키는 물질로는 적합하지 않다고 생각해도 좋다.

그러면 저속중성자의 경우는 어떨까?

저속중성자의 경우는 속도만 느린 것이 아니다. 속도가 느리면 중성자와 원자핵 사이의 인력이 의미를 가지게 된다.

즉, 윈도우 쇼핑을 하는 젊은이들이 여기저기 상점을 들여다보는 것처럼 궤적이 복잡해진다. 이것은 어느 한 곳에서 무언가를 발견하고 충동구매를 하는 것도 가능하다는 뜻이다.

따라서 저속중성자는 핵분열을 일으킬 확률이 높아진다. 이것을 '핵반응 단면적'이란 단어를 이용해 '^{235}U는 고속중성자보다 저속중성자에 대해 핵

반응단면적이 크다'라고 매우 어렵게 표현한다.

요컨대 쉽게 반응하는가, 그렇지 않은가 하는 이야기다.

중성자 속도를 낮춘다

핵분열로 막 발생한 중성자는 운동에너지가 넘치는 고속중성자여서 ^{235}U 와의 반응성이 강하지 않다. 반응성을 높이려면 속도를 줄여야만 한다.

물체의 운동 속도를 줄이려면 그 특성에 맞는 방법이 있다. 예컨대 자동차라면 브레이크를 밟아야 한다. 전하를 가지고 있다면 정전 인력으로 잡아당기거나 정전 반발로 밀어낼 수 있다. 자성을 가지는 것도 마찬가지다.

❶ 충돌에 의한 감속

그런데 중성자는 전하도 자성도 가지지 않는다. 조그만 돌 같다고 표현할 수 있다. 이런 물체의 속도를 줄이려면 어떻게 해야 할까?

무엇보다도 다른 물체와 충돌하는 방법밖에는 없다. 그러나 당연히 아무 상대와 충돌해도 된다는 말은 아니다.

공을 칠판에 부딪쳐보자(충돌시켜보자). 공의 속도는 줄어들지 않는다. 속도 그대로 튕겨나갈 뿐이다.

이렇게 날고 있는 물체(중성자)보다 훨씬 질량이 큰(무거운) 장애물에 충돌시켜도 물체의 속도는 떨어지지 않는다.

물체의 속도를 줄이는 효과적인 방법은 물체와 동일한 질량의 장애물과 충돌시키는 것이다.

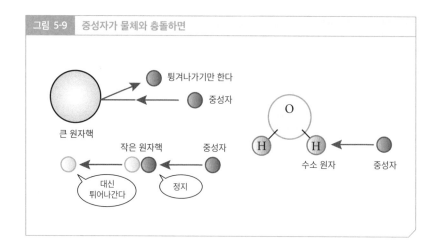

그림 5-9 중성자가 물체와 충돌하면

그러면 이상적인 경우라면 물체는 정지하고 대신 충돌한 장애물이 튀어나간다.

❷ 수소와 충돌

이렇게 생각하면 중성자를 충돌시킬 물체는 원자번호가 작은 원자, 즉 주기율표의 앞쪽 원자가 좋다.

다음에 나올 그림 5-10은 초속 2만 km의 고속중성자 속도를 초속 2.2km의 저속중성자(열중성자)로 만들기 위해 충돌을 몇 번 반복하면 좋을지 나타낸 것이다.

중성자의 238배 질량을 가진 ^{238}U와 충돌시키면 2,172회의 충돌이 필요하지만 중성자와 같은 질량의 수소(H)는 불과 18번의 충돌로 충분하다. 가벼운 것이 얼마나 유리한지 알 수 있다.

그림 5-10   중성자의 속도를 억제한다

원소명	질량수	중성자의 속도를 2만 km/초에서 2.2km/초로 만드는 데 필요한 충돌 횟수
수소(H)	1	18
중수소(D)	2	25
헬륨(He)	4	43
베릴륨(Be)	9	86
탄소(C)	12	114
우라늄(U)	238	2172

(참고: http://www.geocities.co.jp/Technopolis/6734/sikumi/gensokuzai.html)

이 같은 예로는 수소(H), 헬륨(He), 리튬(Li), 베릴륨(Be), 붕소(B), 탄소(C) 등을 후보로 꼽을 수 있다.

이 중 리튬과 붕소는 중성자를 흡수하는 작용을 하므로 감속재로는 적합하지 않다. 그리고 베릴륨은 너무 비싸다. 그래서 남은 수소와 헬륨, 탄소가 후보에 올랐다.

그러나 헬륨은 상온에서는 기체이므로 원자의 밀도가 작아서 중성자가 그냥 통과해버린다. 그에 반해 수소의 경우, 수소 분자는 기체지만 산소와 결합시켜 물로 만들면 액체가 된다.

이는 결국, 액체인 물과 고체인 탄소(흑연, 카바이드)가 적합함을 뜻한다.

그림 5-11   중성자 흡수 단면적 비교

이름	수소(H)	중수소(D)	물(H_2O)	중수(D_2O)	탄소(C)
흡수단면적(b)	0.332	0.0005	0.664	0.0010	0.0034

(참고: http://www.geocities.co.jp/Technopolis/6734/kisogenri/gensokunoseisitu.html)

감속재는 물이 가장 적합하다

감속재로 적합한 정도는 충돌 횟수만으로 결정되지 않는다. 감속재는 중성자의 속도를 줄이는 역할을 해야 하므로 중성자를 흡수해서는 안 된다.

그림 5-11을 보면 여러 물질의 중성자 흡수 단면적이 표시되어 있다.

수소는 의외로 중성자를 흡수한다. 그에 반해 중수소(D)는 그다지 흡수하지 않는다.

수소, 중수소 모두 기체 상태로는 밀도가 낮아 어떻게 사용할 방법이 없으므로 산소와 결합시켜 물로 만들어 사용한다. 수소로 만든 보통의 물(H_2O, 특별히 경수라 부르기도 한다)과 중수소로 만든 중수(D_2O) 중에서는 중수 쪽이 중성자 흡수 단면적이 적음을 알 수 있다.

다시 말해, 가장 우수한 감속재는 중수이고 다음은 붕소 등을 포함하지 않은 순수한 탄소이며 3번째는 물이다.

그러나 중수소는 자연환경에서는 수소의 0.015%밖에 되지 않아 채집이 어렵다. 한편, 이어서 살펴볼 냉각재로도 사용이 가능하다는 점에서 감속재로는 물이 가장 적합하다.

물은 일석이조의 냉각재

경수로

원자력 발전 장치는 원자로와 발전기로 구성된다.

발전기는 화력 발전이나 수력 발전과 동일하다. 화력 발전이 보일러에서 만든 스팀(증기)으로 발전기의 터빈을 돌리는 원리와 완전히 똑같이, 원자력 발전에서는 원자로에서 만든 스팀으로 터빈을 돌린다.

냉각재 후보에는 어떤 물질이 있을까?

원자로에서 발생한 열을 외부의 발전기에 전달하는 물질을 일반적으로 열매체라고 한다.

그리고 열매체는 뜨거워진 원자로를 식히는 기능도 하게 되므로 원자로의 경우에는 일반적으로 냉각재라 부른다.

냉각재는 어느 정도의 열 축적성(비열)과 유동성이 있으면 무엇이든 괜

찮다.

일반 기기의 열매체로는 물(수소와 산소의 화합물)이나 기름(수소와 탄소의 화합물) 등의 화합물, 저융점 금속(땜납과 같은 합금) 등이 쓰인다.

원자로도 마찬가지다. 하지만 원자로의 경우는 설비 규모가 크고 복잡하다. 게다가 열매체는 대량의 열을 효과적으로 운반하기 위해 상당한 속도로 이동하게 된다.

상식적으로 생각하면 너무 무거운(밀도가 큰) 것은 배관을 두껍게 해야하므로 현실성이 떨어진다. 또한, 화재의 우려가 있는 물질도 바람직하지 않다.

감속재로도 병용할 수 있는 물

이렇게 생각하면 그다지 상식적이고 재미있지 않지만 물(H_2O) 혹은 중수(D_2O)가 최적의 열매체 그리고 최적의 냉각재가 된다. 특히, 중성자를 잘 흡수하지 않는 중수가 적합하다고 할 수 있다.

그러나 중수소는 자원도 적고 가격도 비싸다. 그래서 대부분은 보통의 경수(H_2O)가 냉각재로 쓰인다. 게다가 물의 경우는 그 수소 원자가 중성자의 속도를 낮추는 매개 역할을 하므로 일석이조라 할 수 있다.

이처럼 **경수를 냉각재로 사용하는 원자로를** 경수로라고 한다.

원자로 중에는 냉각재가 물이 아닌 유형도 있다.

그렇다고는 해도 발전기를 돌리는 열매체는 물(수증기)이므로 이런 경우에는 원자로 내부의 열을 운반하는 냉각재를 1차 냉각재, 발전기를 돌리는

그림 5-12 | 경수로(비등수형로)의 구조

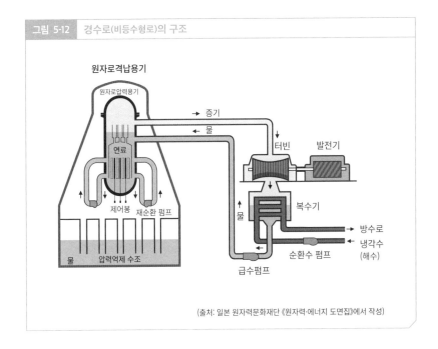

원자로격납용기

원자로압력용기

→ 증기

← 물

터빈

발전기

연료

제어봉   재순환 펌프

물

물   복수기

→ 방수로

← 냉각수
(해수)

순환수 펌프

압력억제 수조

급수펌프

(출처: 일본 원자력문화재단 《원자력·에너지 도면집》에서 작성)

냉각재(물)를 2차 냉각재로 한다. 그리고 사이에 열교환기로 증기발생기를
두고 '경수 수증기'를 만들어 발전기를 돌린다.

제 6 장

원자로의 내부를
분해해보다

25

원자로 격납용기의 내부는
어떤 모습일까?

원자로·격납용기·열교환기

지금까지는 원자력 발전의 구조와 원자로의 원리를 살펴보았다.

여기서는 그 원리에 따라 실제로 원자로를 어떻게 만들고 운전하는지 알아본다.

위험과 동거하는 원자력 발전

원자력 발전시설은 거대한 에너지를 생산하는 편리한 시설이지만 동시에 단점도 지니고 있다. 바로 위험성이다.

원자력 발전이 생산하는 것은 에너지, 다시 말해 전력뿐만이 아니다.

원자력 발전시설은 에너지와 동시에 핵분열 생성물도 생산한다. 이 핵분열 생성물은 강한 방사능을 가진 방사성 물질로, 강한 방사선을 방출한다.

따라서 원자로에서는 방사성 물질은 물론 방사선도 결코 외부로 누출되

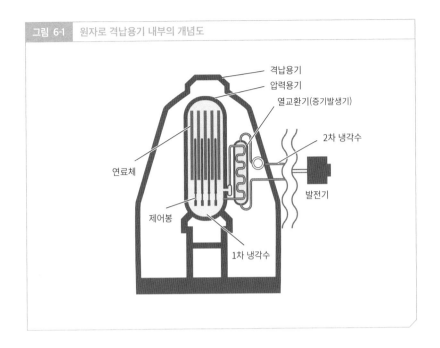

그림 6-1 | 원자로 격납용기 내부의 개념도

격납용기
압력용기
열교환기(증기발생기)
2차 냉각수
연료체
발전기
제어봉
1차 냉각수

는 일이 없도록 주의해야 한다. 원자로 내의 방사성 물질이나 방사선이 외부 환경에 누출되지 않도록 차단하는 장치를 일반적으로 차폐장치라 한다. 차폐장치는 여러 겹으로 되어 있는데 크게 압력용기와 격납용기로 구분할 수 있다.

그 밖에 원자로에는 여러 가지 부품과 자재가 있으며 다양한 소재를 사용한다.

그렇다면 원자로 전체는 이 자재들을 어떻게 조립하여 만들까?

그림 6-1은 이 이상 간단하게 할 수 없을 정도로 간단하게 만든 원자로 격납용기 내부의 개념도다.

원자력 발전의 심장부인 압력용기

압력용기란 연료체 우라늄 235(^{235}U), 제어봉(중성자 흡수재), 감속재 겸 냉각재(물)를 넣은 용기다. 일반적으로 원자로라고 부르는 부분으로, 원자력 발전시설의 심장부라 할 수 있는 부분이다.

연료체는 태운 양만큼 위험한 핵연료 폐기물이 되어 있고 그 주변에도 연료체에서 누출된 방사성 물질이 가득 차 있다. 이 물질이 외부 환경으로 새어 나오면 큰일이 벌어지게 된다.

그래서 이들 원자로의 중심부재를 수납하는 압력용기는 절대 부서지지 않을, 슈퍼급으로 단단한 용기여야 한다. 따라서 내압, 내열, 내방사선을 겸하는 용기로, 두께 15~30cm의 단조 스테인리스강으로 만든 고내압 구조로 되어 있다.

같은 경수로라도 형식이 뒤에서 볼 비등수형인지, 가압수형인지(27 참조)에 따라 필요한 내압 성능이 다르다. 비등수형에서는 90기압, 가압수형에서는 175기압 이상을 견딜 수 있어야 한다.

압력용기의 형태는 원통형에 가까우며 용기의 상부는 덮개로 되어 있고 용기 본체와는 볼트로 고정되어 있어 탈부착이 가능하다.

❶ 연료체

연료체는 원자로의 중앙에 있다. 우라늄 235로 만든 이산화우라늄(^{235}UO$_2$)을 소결한 펠릿의 집합체로 용기는 지르코늄합금으로 만들었다. 핵분열이 일어나는 본체다.

❷ 제어봉

연료체 사이에 끼어 있는 것이 제어봉이다.

제어봉은 원자로에 무슨 일이 일어나면 연료봉 사이에 깊숙이 삽입해야 한다. 따라서 연료체의 상부에 설치하고 만일의 경우에는 중력으로 낙하하게 하는 편이 바람직하다. 그러나 연료체의 교환이나 각종 배관의 사정으로 아래쪽에서 끼워 넣는 형태가 많다.

❸ 감속재

연료체의 핵분열에서 발생한 고속중성자의 속도를 떨어뜨려 저속중성자로 만드는 소재다. 중수(D_2O)나 탄소(흑연, 그라파이트)를 사용하는 타입도 있지만, 일본 원자로의 경우 모두 보통의 물, 경수(H_2O)를 이용하는 경수로이며 한국 역시 경수로가 대부분을 차지한다.

❹ 냉각재·열매체

뜨거워진 노심을 식히고(냉각재) 노심의 열을 발전기에 전달하는(열매체) 소재다. 원자로의 방식에 따라 대부분 경수, 중수, 이산화탄소(CO_2) 등을 이용한다.

일본의 상업용 원자로는 모두 경수를 사용하는 경수로지만 원자로 내부의 냉각수를 가열하는지 아닌지에 따라 비등수형과 가압수형으로 나뉜다. 앞에서 본 그림 6-1의 원자로는 물을 끓이지 않는 가압수형이다.

방사선 누출을 예방하는 차단벽으로서의 격납용기

핵분열에서 발생한 방사선 가운데 γ선이나 중성자선 중에는 압력용기를 통과하는 것도 있다. 그것은 외부 환경의 대기와 원자핵 반응을 일으켜 대기 성분을 방사성 물질로 변화시키는 것도 있다.

그렇게 발생한 이차적인 방사성 물질이나 그것이 방출하는 방사선을 가둘 필요가 있다. 그것이 격납용기다. 격납용기는 수 cm 두께의 스테인리스강과 수 m 두께의 콘크리트로 만든다.

격납용기는 거대한 건조물로, 일본 미야기현 오나가와 원자력 발전소의 경우 원통 부분의 지름은 23m, 높이는 37m다.

이처럼 일본의 원자로는 압력용기와 격납용기로 된 이중구조다. 압력용기가 파괴되는 일은 절대 발생해서는 안 되겠으며 격납용기도 마찬가지다. 이곳은 이른바 원자로의 성역과 같은 곳이다.

오나가와 원자력 발전소의 3호기 원자로의
격납용기

원자로의 모형

(출처: 도호쿠전력)

제 6 장 원자로의 내부를 분해해보다

그런데 1986년에 큰 사고가 발생한 소련(현 러시아)의 체르노빌 원자력 발전소의 원자로는 압력용기만 있을 뿐 격납용기는 갖추고 있지 않았다.

방사성 물질의 누출을 예방하는 열교환기

냉각재(가열매체)는 원자로 내부로 들어가 연료체 주위를 돌며 그 열에너지를 외부로 운반하는 역할을 한다. 이때 열뿐 아니라 방사성 물질까지 운반할 가능성이 있다. 그래서 추가된 장치가 열교환기다.

원자로 내부에서는 순환하는 냉각재(1차 냉각수)와 발전기의 터빈을 돌리는 물(2차 냉각수)을 분리한다.

열교환기는 전자의 '열만' 후자에게 건네는 장치다. 이 덕에 터빈을 돌리는 물에 방사선이 누출되는 것을 걱정할 필요가 없다.

이따금 원자력 발전소에서 2차 냉각수와 관련한 사고가 발생했다는 신문 보도를 접하는데, 원칙적으로 2차 냉각수는 방사선에 오염되지 않는 구조다.

그 밖에 전기가 발생하는 부분인 발전기도 있지만 이것은 본질적으로 화력 발전용, 수력 발전용 장치와 동일하다.

26

방사선 사고를 방지하기 위한 부속 시설의 역할

사용후핵연료 저장 수조와 외부 전력

원자력 발전시설은 원자로와 발전기만 있는 것이 아니다. 원자로를 가동하고 보수하는 데 필요한 부속 시설도 있다.

사용후핵연료 저장 수조의 역할

그중에 가장 중요한 시설은 사용후핵연료를 임시 보관하는 저장 수조다. 사용후핵연료란 핵연료가 타고 남은 나머지, 예컨대 목탄에 비유하면 타고 남은 흰 재에 해당하는 부분이다.

❶ 방사선 누출을 방지한다

그러나 사용후핵연료는 이 같은 재와는 꽤 거리가 멀다. 왜냐하면 그 안에는 '새로운 연료'가 섞여 있기 때문이다. 새로운 연료란 나중에 고속증식로부분에서 자세히 살펴볼 플루토늄 239다.

또한 숯의 경우 재에 해당하는 부분은 우라늄이 핵분열하면서 생긴 새로운 방사성 원소이다.

이들은 방사성 원소이기 때문에 당연히 원자핵 붕괴를 일으켜 안정적인 원자핵으로 변화한다. 그때 방출되는 방사선이 외부 환경에 누출되면 심각한 상황이 발생한다.

특히 중성자는 쉽게 누출될 뿐 아니라 독성이 강해 엄격한 주의가 필요하다. 중성자 차폐를 위해서는 수 m 두께의 납판이 필요한데 다행히 물로 차폐할 수 있다. 이 때문에 사용후핵연료는 물을 채운 수조에 보관한다.

② 중성자의 속도를 줄인다

사용후핵연료는 원자핵 붕괴 과정에서 열에너지를 방출한다. 이 에너지는 핵연료를 규정에 맞게 태웠을 경우 발생하는 에너지의 3%에 달한다고 하니 상당한 열이다.

한국과 일본의 경우, **사용후핵연료는 당분간 원자력 발전시설 내에서 보관**하고 있는데 이렇게 위험한 발열체를 한곳에 쌓아둘 수가 없다. 발열 후, 수소폭발을 일으키면 방사성 물질이 사방으로 흩어져 돌이킬 수 없는 대형 사고로 번지게 된다. 그와 같은 사고를 막으려면 냉각수를 채운 수조 안에 엄격하게 보관해야 한다.

사용후핵연료 저장 수조

다시 말해, 사용후핵연료를 냉각수 수조에 보관하는 이유는 냉각이라는 목적 외에도 물이 중성자의 속도를 줄이는 데 좋은 차폐재가 된다는 목적이 있기 때문이다.

저준위 오염물 보존시설

원자력 발전시설에서는 사용후핵연료와 같은 고위험 물질뿐 아니라 저준위 방사선에 오염된 여러 물질이 나온다. 예컨대, 실험이나 작업에 사용한 장갑, 옷, 고글, 휴지 등 잡다한 물건들 말이다.

오염 수위가 낮다고 해서 이들을 다른 일반 쓰레기와 함께 처리해서는 안 된다.

이 물건들은 전용 드럼통에 넣어 아스팔트와 함께 밀봉하고 정해진 장소에 보관하도록 하는 의무 규정이 있다.

원전 사고를 예방할 외부 전원의 필요성

이들 보관시설을 포함한 발전시설을 원활하게 관리하려면 전력이 필요하다. 물론, 중요한 원자로 내부의 냉각수 온도를 낮추고 순환시키는 데도 전력이 필요하다.

원자력 발전시설이므로 그런 전력은 직접 생산한 전력을 사용하면 된다고 생각할 수 있지만 그렇지는 않다.

원자로가 정상으로 가동되고 있을 때는 그것으로 충분할 수 있다. 하지만 원자로에 이상이 생겨 원자력 발전이 멈추면 어떻게 될까?

원자로 내부의 핵연료는 운전이 멈춰도 연료체 속에 담긴 방사성 원소가 원자핵 붕괴를 거듭하여 발열이 계속된다. 그것을 내버려두면 냉각수가 증발하고 수증기의 압력으로 원자로가 고장 날 수 있다.

연료체는 스스로 내는 열에 의해 온도가 오르고 결국 녹아내려 멜트다운이 발생할 수 있다. 또한 사용후핵연료는 원자로의 가동과 관계없이 계속 열을 낸다. 사용후핵연료 저장 수조의 냉각 시스템이 정지하면 사용후핵연료는 발열이 계속되어 냉각 수조의 물이 끓어올라 증발하고 마르게 된다.

그래도 사용후핵연료는 발열을 계속하고, 마침내 빨갛게 달아오를 정도로 과열된다. 그때 물에 닿으면 연료체 피복재의 금속과 물이 반응하여 수소가스를 발생시키고, 고온 탓에 수소에 불이 붙어 수소폭발을 일으키게 된다.

그렇게 되면 위험한 방사성 물질이 주위로 널리 확산할 것이다.

이를 피하고자 원자력 발전소에서는 외부 전원, 다시 말해 원자력 이외의 발전소에서 전기를 공급받거나 자가 발전기를 갖춰두어야만 한다.

수소폭발의 원인은 무엇일까?

사용후핵연료가 과열되면 수소폭발이 일어난다. 그 이유를 생각해보자.

우리는 종이나 식물은 불에 타는 것, 금속은 불에 타지 않는 것으로 생각하기 쉬운데 꼭 그런 것은 아니다. 불에 탄다는 것은 물질이 산소와 반응하여 산화물이 되는 것이다. 철이 녹스는 것은 철이 산소와 반응하여 산화철이 되기 때문이며 이것은 연소의 일종이라 할 수 있는 반응이다.

중학교나 고등학교 화학 시간에 산소를 담은 입구가 넓은 병에 스틸울(철 수세미)을 넣고 성냥으로 불을 붙이는 실험을 해본 경험이 있을 것이다. 병 속의 철은 격렬하게 불꽃을 일으키며 탄다.

그와 마찬가지로 많은 금속은 고온이 되면 산소와 반응하여 불탄다. 그리고 반응성이 강한 금속 M은 고온이 되면 물과 반응해 금속 산화물(MO)과 함께 수소(H_2)를 발생시킨다.

$$M + H_2O \rightarrow MO + H_2$$

수소는 가연성, 폭발성 기체다. 고온의 금속에 닿으면 폭발(수소폭발)을 일으킨다. 이것이 후쿠시마 제1원자력 발전소에서 실제로 발생한 수소폭발의 구조다.

고온인 상태의 사용후핵연료와 수조에 남은 물이 만나면 이 같은 반응을 일으키는 것이다.

27

분류 방법에 따라
다양한 원자로의 종류

중성자·감속재·냉각재

지금까지는 감속재와 냉각재로 물(경수)을 사용하는 경수로를 중심으로 설명했다.

이 밖에도 원자로의 종류는 다양하다. 여기서는 우라늄을 연료로 사용하는 원자로를 중심으로 어떤 종류가 있는지 알아보자.

중성자의 속도에 따른 원자로 분류

❶ 열중성자(저속중성자)

원자핵 분열로 생긴 고에너지를 가진 고속의 중성자를, 감속재를 이용해 속도를 떨어뜨려 열중성자(저속중성자)로 만든다. 열중성자를 이용하는 원자로를 일반적으로 열중성자로라 하는데, 보통의 상업용 원자로가 여기에 해당한다.

❷ 고속중성자

고속중성자를 이용하는 원자로에는 플루토늄을 연료로 사용하는 고속증식로가 있는데 우라늄 연료를 쓰는 고속로도 있다. 고속중성자는 일반 원자로에서 나오는 핵분열 폐기물에 섞인 초우라늄 원소를 핵분열시키는 힘이 강하다. 따라서 **고속로는 앞으로 방사성 폐기물의 연소용 원자로에 사용할 수 있다**는 점에 주목해야 한다.

❸ 열중성자·고속중성자를 사용할 수 있다

이 밖에 열중성자, 고속중성자를 모두 사용할 수 있는 저감속로가 있다. 이 원자로는 토륨을 포함한 각종 초우라늄 원소를 연료로 사용한다는 목표 하에 개발 중이며 아직 실용화 단계에는 이르지 못했다.

감속재에 따른 원자로 분류

❶ 경수로

통상의 물(경수)을 감속재로 이용하는 원자로로, 보통은 감속재가 냉각재를 겸한다. 경수는 중성자 흡수 단면적이 크기 때문에 농축 우라늄을 이용해 발생하는 중성자의 수를 늘릴 필요가 있다.

❷ 중수로

감속재로 중수를 이용한다. 중수는 경수에 다음가는 감속 능력을 지니나, 중성자 흡수 단면적이 작다. 따라서 중수로에서는 농축하지 않은 천연 우라늄을 비롯해 다양한 방사성 물질을 핵연료로 사용할 수 있다.

❸ 흑연로

감속재로 흑연(그라파이트)을 사용한다. 구조가 단순해 설계와 건축이 편하지만 발전 효율이 떨어진다. 그러나 플루토늄 239의 생성 효율이 높다는 점에서 핵무기용 플루토늄 제조를 위한 군사용 원자로로 자주 사용한다. 이산화탄소 등의 기체를 냉각재로 사용한다.

냉각재에 따른 원자로 분류

❶ 경수

경수를 감속재와 냉각재로 병용하는 원자로와, 경수는 연료의 냉각에만 사용하고 감속재로 흑연 등을 사용하는 원자로가 있다.

❷ 중수

중수가 감속재를 겸하는 경우가 많다.

❸ 가스(이산화탄소, 헬륨)

물과 달리 가스는 그다지 압력을 높이지 않아도 고온으로 만들 수 있기 때문에 초기 원자로에서는 이산화탄소를 냉각재로 사용했다. 하지만 가스로는 밀도가 작고 열운반 능력이 부족해 경제성이 떨어진다. 따라서 상업용 발전로의 주류는 경수로로 대체되었다.

현재 연구·개발 중인 고온가스로는 1,000℃를 넘는 고온을 만들 수 있다. 헬륨을 그 냉각재로 연구하고 있으며 또한 고속증식로의 냉각재로도 검토하고 있다. 일본이 처음 도입한 원자로는 영국제 가스 냉각로였다.

❹ 용융 금속(나트륨, 납·비스마스 합금)

용융 금속은 상압에서 고온을 얻을 수 있고 열운반 능력이 우수한 유체이므로 내압 배관이 필요 없어 원자로 전체를 소형 경량화할 수 있다. 그래서 함선의 동력용 원자로에 사용하고 있지만 금속을 유체 상태로 유지하기 위한 고온 유지에 큰 노력이 들어 사용 범위는 극히 소수에 머물렀다.

나트륨은 물보다 가벼우므로(비중이 작다) 초기 원자력 잠수함의 냉각재로 사용되었다. 그러나 나트륨은 물과 격렬하게 반응하기 때문에 소련의 알파급 잠수함에서는 융점이 낮은 납·비스마스 합금(스프링클러 헤드 등에 사용)을 냉각재로 사용하는 원자로를 채용했다.

중성자를 감속시키지 않는 나트륨은 물론 납·비스마스 합금도 고속증식로 냉각재로의 사용이 검토되고 있다.

냉각재 상태에 따른 분류

일본 원자로는 냉각수를 다루는 방법으로 비등수형과 가압수형이 있다.

비등수형(BWR)은 미국의 제너럴일렉트릭사에서 기술을 도입한 원자로다. 과거 체르노빌과 후쿠시마에서 일어났던 원전 사고가 모두 비등수형에서 발생했다는 점을 들어, 가압수형에 비해 안전하지 않다는 지적이 있다.

한편, 가압수형(PWR)은 미국의 웨스팅하우스사가 고안한 원자로다. 한국의 경우 가압중수형 월성 원자력 발전소를 제외하고 고리, 한빛, 한울 등 모든 원전이 가압경수형 원자로를 쓰고 있다. 현재 **세계의 원전용 원자로 중 약 70%는 가압수형이 차지하고 있다.**

비등수형은 원자로 내의 냉각수를 직접 가열하여 발생한 증기로 터빈을 돌려 전기를 생산한다. 이에 반해 가압수형은 원자로 내의 냉각수(1차 냉각수)를 약 320℃로 가열하고 그 열을 증기발생기로 다른 계통의 물(2차 냉각수)에 전달해 가열한 다음 그곳에서 발생한 증기로 터빈을 돌려 전기를 얻는다.

가압수형은 냉각 계통이 두 가지로 분리된 만큼 구조가 복잡하고 플랜트도 커지지만, 만약의 사고가 일어났을 때는 방사성 물질을 포함한 1차계의 물을 원자로 격납용기 안에 확실하게 가둘 수 있다고 한다.

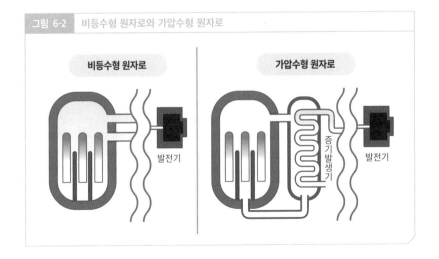

그림 6-2 비등수형 원자로와 가압수형 원자로

비등수형 원자로

가압수형 원자로

발전기

증기발생기

발전기

원자와 원소의 다른 점은 무엇인가?

화학 이야기를 하다 보면 '원자'와 '원소'라는 말이 나오는데 그 차이는 무엇일까? 사실 이 두 단어는 사용할 때 크게 신경 쓸 필요도 없지만 일단 의문이 든다면 짚고 넘어가는 것도 흥미롭겠다.

간단히 말해 원자는 물질을 가리킬 때 사용한다. 그에 반해 원소는 종류를 가리킬 때 사용한다.

개인을 의식할 때는 'A씨', 'B님'이라고 부르지만 집단 전체를 생각할 때는 '한국인'이나 '미국인'이라고 칭하는 것과 같은 감각이다.

이 책에서는 동위 원소를 살펴보았으므로 이를 이용해 설명하면 쉽게 이해할 수 있을 것이다.

수소를 생각할 때 모든 동위 원소(^{1}H, ^{2}H, ^{3}H)를 하나로 파악할 때는 '수소 원소'로 본다. 반면에 3종의 동위 원소를 구분해서 볼 때는 3종의 '원자'가 된다.

이러한 차이는 화학에서 흔히 볼 수 있다. '동위체와 동소체', '단일체와 화합물과 분자', 각각의 차이를 알고 있는가? 만일 의문점이 완전히 풀리지 않았다면 도서관을 방문해 찾아보도록 하자.

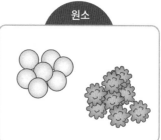

제 6 장 원자로의 내부를 분해해보다

제 7 장

원자력 발전은 환경과 어떤 관계가 있을까?

28

반드시 발생하는 사용후핵연료를 어떻게 처리할 것인가?

보관과 폐기

어떻게 보관하고 폐기할 것인가?

80년 정도의 역사를 가진 원자력 발전은 그 역사 속에서 영고성쇠를 거듭해왔다. 현재는 탈탄소화로 인한 번성의 요인과 사고를 염려하는 쇠퇴의 요인이 혼재하고 있다.

원자력 발전은 사고의 위험 외에도 방사성 물질의 보관과 폐기라는 문제점이 있다.

원자로는 거대한 에너지를 생산하는 시설이지만 일단 사고가 발생하면 환경에 막대한 피해를 준다. 여기서는 원자로와 환경의 관계를 생각해보도록 한다.

원자로는 장점도 있지만 단점도 지니고 있다. 단점들 대부분은 핵분열 생성물과 관련이 있다.

우라늄 235(^{235}U)가 핵분열을 하면 핵분열 생성물로 불안정한 방사성 원자핵이 발생한다. 이것은 어쩔 수 없는 일이다.

핵분열 후에는 이들 핵분열 생성물이 연료체 안에서 우라늄 235(^{235}U)로 변한다. **이것을 어떻게 보관하고 폐기하느냐가** 사용후핵연료**의 문제**이며 골치 아픈 과제다.

원자로는 위험하다는 이미지가 있다. 이는 잘못된 생각이 아니다. 원자력 발전은 분명히 위험하므로, 만에 하나라도 사고가 생기지 않게 한다는 생각이 가장 중요하다.

핵연료가 타고 남은 찌꺼기, 핵연료 폐기물의 특징

그런데 원자로에서 위험한 존재는 무엇일까? 물론 연료인 우라늄은 원자폭탄의 폭약이기도 하니 안전할 리가 없다. 다만, 자연계에 존재하는 물질이므로 꼭 위험하다고도 할 수 있다.

그런데 핵연료가 타고 남은 찌꺼기는 극도로 위험한 물질의 집합체다. 숯이 타면 열을 내고 뒤에는 타고 남은 찌꺼기, 재가 남는다. 마찬가지로 원자로에서도 핵연료가 타면 열을 내고 그 뒤에는 타고 남은 찌꺼기로 핵연료 폐기물이 남는다.

숯과 핵연료의 차이는 이 타고 남은 찌꺼기에서도 차이가 있다. 숯이 타고 남은 재는 식고 나면 큰 도움이 되지 않기 때문에 정원에 뿌려 비료와 섞는다. 재는 토양 중화제, 칼리 비료가 된다.

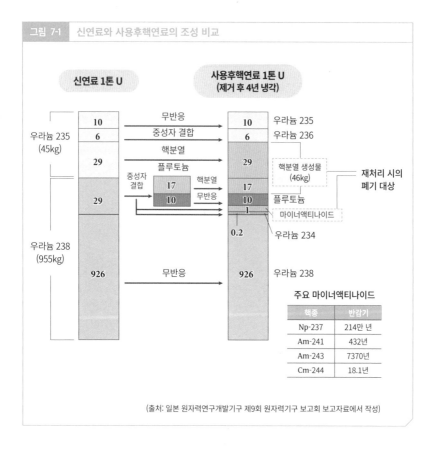

그림 7-1 신연료와 사용후핵연료의 조성 비교

신연료 1톤 U

사용후핵연료 1톤 U
(제거 후 4년 냉각)

우라늄 235
(45kg)

10	무반응
6	중성자 결합
29	핵분열

플루토늄

중성자
결합

17	핵분열
10	무반응

우라늄 238
(955kg)

926 무반응

10 우라늄 235

6 우라늄 236

29 핵분열 생성물
(46kg)

17

10 플루토늄

1 마이너액티나이드

0.2 우라늄 234

926 우라늄 238

재처리 시의
폐기 대상

주요 마이너액티나이드

핵종	반감기
Np-237	214만 년
Am-241	432년
Am-243	7370년
Cm-244	18.1년

(출처: 일본 원자력연구개발기구 제9회 원자력기구 보고회 보고자료에서 작성)

❶ 사용후핵연료의 조성

그림 7-1은 불에 타기 전의 신연료와 사용이 끝난 핵연료의 조성을 비교한 것이다. 신연료 1톤에는 45kg의 ^{235}U가 들어 있다. 이 중 10kg은 반응을 하지 않았고 나머지 6kg은 중성자와 결합한 채 분열하지 않고 우라늄 236(^{236}U)이 되었다. 결국 29kg만이 핵분열을 하는 것이다. 우라늄 238(^{238}U)의 일부인 27kg은 플루토늄 239(^{239}Pu)가 되지만 그중 17kg이 핵

제7장 원자력 발전은 환경과 어떤 관계가 있을까?

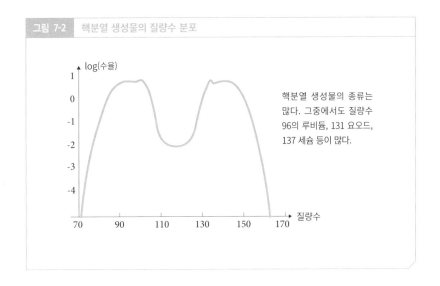

그림 7-2 핵분열 생성물의 질량수 분포

log(수율)

핵분열 생성물의 종류는 많다. 그중에서도 질량수 96의 루비듐, 131 요오드, 137 세슘 등이 많다.

질량수

분열하여 핵분열 생성물이 된다. 따라서 핵분열 생성물의 총량은 46kg이 된다.

결국, 핵반응에 의한 생성물은 핵분열 생성물 46kg, 플루토늄 10kg 그리고 마이너액티나이드라 불리는 불안정 원자핵 1kg이 된다.

❷ 핵분열 생성물의 종류와 위험성

핵분열 생성물의 종류는 매우 다양하다. 그 질량수 분포는 그림 7-2의 그래프와 같다.

그중에서도 대량으로 방출되는 스트론튬 90(^{90}Sr), 루비듐 96(^{96}Rb), 요오드 131(^{131}I), 세슘 137(^{137}Cs) 등은 쉽게 검출된다.

그래프에서 질량수 100과 135 부근의 피크는 이들 핵종에 해당한다. 이들은 원자로 등에서 방사선 누출 사고가 있으면 가장 먼저 검출되는 핵종이다. 모두 우리 몸에 흡수되어 내부 피폭의 원인이 되는 물질이므로 위험하다. 반드시 주의해야만 한다.

❸ 사용후핵연료의 발열

숯이 타서 생기는 재는 시간이 지나면 열이 식은 후 더 이상 변화가 생기지 않는다. 그러나 사용후핵연료는 전혀 다르다. 타고 난 후에도 스스로 열을 내서 더욱 뜨거워진다.

사용후핵연료는 방사성 물질의 덩어리다. 갓 만들어진 따끈따끈한 방사성 물질은 활발하게 방사선을 방출하여 더욱 안정적인 원자핵(이 또한 방사성 물질)으로 변화(원자핵 붕괴)한다. 이 열을 붕괴열이라고 한다.

핵분열로 발생하는 발열량과 비교했을 때 타고 난 뒤의 발열량은 3%에 달한다고 하므로 장난이 아니다.

29

사용후핵연료의
안전한 재처리 방법은?

재처리와 폐기

사용후핵연료를 몇 년에 걸쳐 식히고 나면 그다음은 어떻게 될까? 식었다고는 해도 그것은 방사선량이 줄었을 뿐, 방사선 방출이 끝났다는 뜻은 아니다. 위험성은 여전히 그대로다.

사용후핵연료, 어떻게 처리할까?

❶ 사용후핵연료의 용도

사용후핵연료는 핵분열 생성물의 집합체이므로 여러 종류의 방사성 원자핵이 포함되어 있다. 그중엔 위험하지만 동시에 유용한 물질도 포함되어 있다.

주요 물질로, 코발트 60(^{60}Co)과 세슘 137(^{137}Cs)은 의료용 β선원, 그리고 γ선원으로 이용하며 테크네튬 99m(^{99m}Tc)이나 요오드 131(^{131}I)도 방사선 의료용으로 쓰인다.

그러나 가장 대표적인 물질은 플루토늄 239(^{239}Pu)라 할 수 있다. 플루토늄은 자연계에는 존재하지 않는 인공 원소로서, 초우라늄 원소라고 불리는 물질의 일종이다.

플루토늄은 우라늄과 마찬가지로 핵분열을 통해 에너지를 생산한다. 따라서 우라늄과 마찬가지로 원자로의 연료로 사용할 수 있다.

그뿐 아니라 앞으로 고속증식로가 실용화되었을 때 없어서는 안 될 연료이기도 하다.

❷ 연료의 재처리

그러므로 사용후핵연료에서 플루토늄을 추출하는 편이 경제적인 면에서나 자원 차원에서 유리하다. 사용후핵연료에서 플루토늄을 추출하는 작업은 화학적인 방법으로 이루어진다.

다시 말해, 사용후핵연료의 연료체에서 우라늄 펠릿 부분만을 꺼내어 질산(HNO_3) 등의 산으로 녹여 용액으로 만들고 그로부터 플루토늄만 추출하는 화학적 조작으로 분리해 얻는다.

이 조작을 연료의 '재처리'라 한다.

❸ 폐기

플루토늄 등의 유용성분을 추출하고 난 사용후핵연료, 요컨대 추출하고 남은 찌꺼기의 잔해(핵 쓰레기)는 불필요한 물질로 폐기하게 된다. 이 폐기가 꽤 골치 아픈 문제다.

잔해라고 해도 이는 큰 방사능을 가진 물질의 집합이다. 그러므로 방사선을 계속 방출한다. 방사선이 누출되면 큰 문제다. 방사선의 누출 우려가 영구히 없는 장소에 폐기해야 하는데 그런 장소는 어디일까?

원자로 관련 폐기물은 어디에 보관하나?

일반 가정에서는 매일 쓰레기가 나온다. 마찬가지로 원자로를 가동하면 사용후핵연료가 나온다. 원자로 자체가 아니라도 원자로 관련 시설을 가동하면 방사능에 오염된(방사성 물질이 부착된) 폐기물이 나온다.

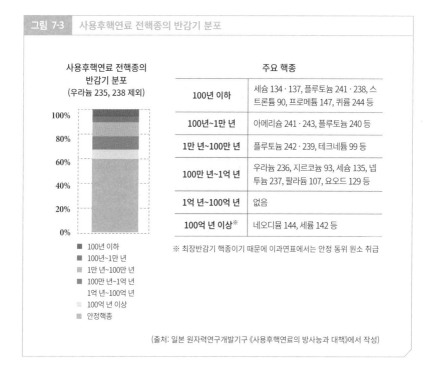

그림 7-3 사용후핵연료 전핵종의 반감기 분포

사용후핵연료 전핵종의
반감기 분포
(우라늄 235, 238 제외)

주요 핵종	
100년 이하	세슘 134·137, 플루토늄 241·238, 스트론튬 90, 프로메튬 147, 퀴륨 244 등
100년~1만 년	아메리슘 241·243, 플루토늄 240 등
1만 년~100만 년	플루토늄 242·239, 테크네튬 99 등
100만 년~1억 년	우라늄 236, 지르코늄 93, 세슘 135, 넵투늄 237, 팔라듐 107, 요오드 129 등
1억 년~100억 년	없음
100억 년 이상※	네오디뮴 144, 세륨 142 등

- 100년 이하
- 100년~1만 년
- 1만 년~100만 년
- 100만 년~1억 년
- 1억 년~100억 년
- 100억 년 이상
- 안정핵종

※ 최장반감기 핵종이기 때문에 이과연표에서는 안정 동위 원소 취급

(출처: 일본 원자력연구개발기구 《사용후핵연료의 방사능과 대책》에서 작성)

❶ 사용후핵연료의 반감기

앞서 본 그림 7-3은 사용후핵연료에 포함된 핵종의 반감기다. 약 60%는 방사능을 띠지 않는다. 요컨대 원자핵 붕괴를 하지 않아 방사선이 방출되지 않는 안정핵종이다.

그리고 나머지 40% 정도는 반감기 100년에서 100억 년 정도 되는 물질이다. 반감기 100년 이하인 것은 몇 % 정도에 지나지 않는다.

그림 7-4는 전체 사용후핵연료의 유해 정도가 시간의 경과와 함께 변화하는 양상을 나타낸 것이다.

자연계에 존재하는 천연 우라늄의 위험도를 1(기준)로 보았을 때, 경수로

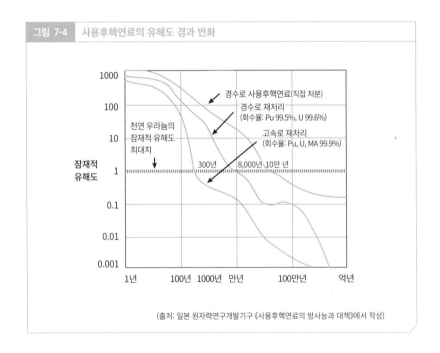

그림 7-4 사용후핵연료의 유해도 경과 변화

(출처: 일본 원자력연구개발기구 《사용후핵연료의 방사능과 대책》에서 작성)

에서 연소 후 발생한 사용후핵연료의 위험도는 1,000배나 된다.

이것을 재처리하지 않고 그대로 방치하면 100년 후에는 400 정도로 떨어지지만 1,000년이 지나도 유해도는 아직 100(천연 우라늄의 100배) 정도가 남는다. 천연 우라늄과 같은 수준이 되기까지는 10만 년이라는 긴 시간이 걸린다.

하지만 유해도는 원자로의 종류에 따라 다르고, 고속로에서 연소한 후 재처리하면 100년 후에는 40 정도까지 떨어지고 300년 후에는 천연 우라늄 수준이 된다.

다시 말해, **위험도는 원자로의 종류와 재처리 방법에 따라 상당히 변화한다**는 사실을 알 수 있다.

❷ 저준위 오염물질에 노출된 물건은 어떻게 해야 할까?

원자로가 가동하면 작업복이나 장갑 등 방사능이 약한 저준위 폐기물이 나오게 된다. 이것은 시멘트나 아스팔트로 굳혀 드럼통에 넣고 엄격하게 보관한다.

이 드럼통은 원자로가 가동하는 한 매일같이 증가한다. 유한한 원자력 발전시설에서 모두 수용할 수 있는 양이 아니다. 장기간 방치하면 드럼통이 녹슬거나 방사선의 영향으로 파손되어 누출의 문제도 발생한다.

일본의 경우 저준위 폐기물은 현재 아오모리현 롯카쇼무라의 저준위 방사성 폐기물 매설 센터의 지하 매장고에서 보관하고 있다. 그러나 머지않아 수용 능력은 한계에 도달할 것이다.

❸ 고준위 폐기물 처리 방법

앞에서 본 추출 잔해(핵 쓰레기)처럼 방사능이 강해 위험한 물질은 주변으로 누출되지 않도록 유리와 혼합하여 용융 상태로 만든 다음 지름 43cm, 길이 1.3m, 무게 500kg의 유리고화체를 만든다.

출력 100만 kW의 원자로를 1년간 가동하면 이 유리고화체가 30개 정도 나온다고 한다.

현재 한국은 고준위 폐기물을 원전 내에 있는 습식저장소에서 임시 보관하고 있다.

고준위 폐기물의 영구 보관 방법은?

고준위 폐기물은 이름 그대로 고준위 방사선을 계속 방출한다. 원자로 용기와 격납 시설은 머지않아 노후화될 것이다. 따라서 그때를 대비해 영구적인 처리를 마련해야 한다.

이것은 '화장실 없는 고급 아파트' 같은 문제라 할 수 있다. 현재 화장실(고준위 폐기물 최종처리장)을 가지고 있는 나라는 핀란드뿐으로, 암염 채굴갱을 이용해 영구 보관할 수 있는 시설을 만들었다고 한다.

지하 깊은 곳에 묻는 것이 일반적인 처리 방법으로, 방사선이 절대 지표로 누출되지 않도록 엄격한 처리가 뒤따라야 한다.

한국은 원전 내 임시 저장소가 2030년쯤에는 포화상태에 이를 것으로 예측되어 중간 저장시설과 영구처분장 마련이 시급한 과제다.

혼합산화물(MOX) 연료와 플루서멀 계획

원자로를 가동하면 사용후핵연료가 발생하는데 그 속에는 계속 핵분열 반응을 하여 에너지를 생산할 수 있는 잠재 연료가 포함되어 있다.

예컨대, 반응 없이 끝난 ^{235}U와 ^{239}Pu 등이 있다. 이들 원자핵을 재처리로 추출하고 이산화플루토늄(PuO_2)과 이산화우라늄(UO_2)을 혼합해 플루토늄 농도를 4~9%로 높인 핵연료를 MOX 연료라 한다.

MOX 연료는 원래 고속증식로의 연료로 사용할 계획이었지만 고속증식로의 개발 연구가 늦어져 당장은 사용할 예정이 없는 상태다.

그러나 MOX 연료는 현행 원자로에서도 연소할 수 있다. 이처럼 MOX 연료를 현행 원자로에서 연료로 사용하는 계획을 플루서멀 계획이라 부른다.

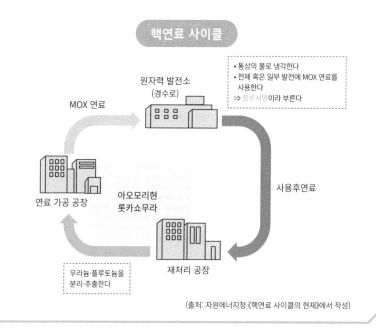

핵연료 사이클

원자력 발전소
(경수로)

MOX 연료

- 통상의 물로 냉각한다
- 전체 혹은 일부 발전에 MOX 연료를 사용한다
⇒ 플루서멀이라 부른다

사용후연료

연료 가공 공장

아오모리현
롯카쇼무라

우라늄·플루토늄을
분리·추출한다

재처리 공장

(출처: 자원에너지청《핵연료 사이클의 현재》에서 작성)

원자력 발전은 환경을 위해 어떤 배려를 하고 있는가?

CO_2 배출·원전 오염수

원자력은 환경 문제를 피해 갈 길이 없다. 환경을 오염시키고 있지 않은가, 방사능은 괜찮은가, 어딘가 누출이 발생하지 않았는가, 만약 방사능 오염이 발생하면 어떻게 될 것인가 등등의 문제가 있다.

이산화탄소 발생 요인은 무엇인가?

최근 가장 화제가 되고 있는 환경 문제는 지구 온난화를 비롯한 기후 변화일 것이다. 전 세계의 수많은 지역에서 이상 고온 현상이 발생하고 극지방의 얼음이 녹고 있다.

바다 위에 떠 있는 얼음은 녹더라도 해수면 높이에 큰 변화가 없지만, 남극대륙이나 빙하와 같은 지상의 얼음이 녹으면 곧바로 해수면 상승으로 이어진다.

또한 온도 상승으로 인한 해수 팽창의 영향도 있다. 기온 변화가 지금의 상태로 계속된다면 이번 세기말에는 해수면이 50cm 상승하게 될 것이라는 예상도 나오고 있다. 그렇게 되면 해안 부근의 도시는 큰 피해를 보게 될 것이다.

① 화석 연료

지구 온난화는 온실가스의 일종인 이산화탄소가 주범이다. 그리고 이 **이산화탄소의 배출이 증가하는 가장 큰 원인은 화석 연료의 연소 때문이라 한다.**

이산화탄소는 물에 녹기 때문에 바닷물은 엄청난 양의 이산화탄소를 흡수한다. 그런데 온도가 상승하면 물에 대한 기체의 용해도가 저하된다. 요컨대 기온이 올라가면 기체가 물에 잘 녹지 않게 된다.

어항에 든 금붕어가 여름이 되면 수면에 입을 내밀고 뻐끔거리는 모습은 하품을 하기 위해서가 아니다. 이는 필사적으로 공기를 마시기 위해 하는 행동이다. 더운 날씨 때문에 물에 녹아드는 공기(산소)가 그만큼 줄어드는 것이다.

화석 연료의 연소로 이산화탄소가 증가하면 기온이 상승하고, 기온이 오르면 바닷물 속의 이산화탄소가 방출된다. 이 같은 악순환이 계속되는 것이다.

한편, 화석 연료는 이산화탄소뿐 아니라 질소산화물(NOx)과 이오산화물(SOx)도 발생시킨다. 이들 산성 산화물은 비와 섞이면 질산이나 아황산으로 변하여 산성비를 내리는 원인이다.

그 밖에 NOx는 광화학 스모그의 원인으로도 꼽힌다. 또한 SOx는 과거

욧카이치 천식의 원인으로, 대규모 공해 문제를 일으켜 일본 사회의 큰 문제가 되기도 했다.

❷ 대체 에너지

현대 문명은 전기 에너지 위에 구축되어 있다. 대부분의 전기 에너지는 화석 연료를 태워 만든다. 따라서 화석 연료를 사용하지 않으려면 그 대체 에너지를 마련해야 한다. 에너지 절약만으로는 거대한 흐름을 멈출 수가 없다.

태양전지, 풍력 발전은 날씨에 따라 달라지므로 안정적인 에너지라 할 수 없다. 앞으로 대규모, 고효율의 2차 전지가 개발된다면 개선할 수 있겠지만 그러기 위해서는 시간이 필요하다.

수력 발전은 댐 건설로 인한 환경 파괴 문제가 동반되며, 바이오에탄올의 경우에는 특정 국가와 지역에서는 중요한 식량인 옥수수를 태운다는 점에서 식량과 윤리 측면의 문제가 제기되고 있다.

❸ 원자력 발전

원자력 발전에서는 핵분열이 에너지원이기 때문에 원칙적으로 이산화탄소가 발생하지 않는다. 시설을 운영하는 데 얼마간의 이산화탄소는 발생하지만 그 양은 압도적으로 적다.

그림 7-5는 발전 종류별로 배출하는 이산화탄소의 양을 나타낸 것으로, 원료의 채굴과 수송, 발전소 건설과 운전 등에 소비되는 모든 에너지를 포

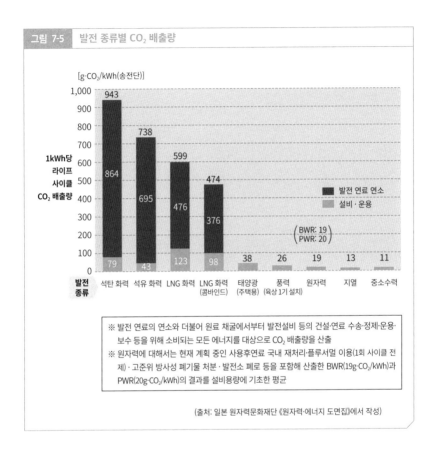

그림 7-5 발전 종류별 CO_2 배출량

[g-CO_2/kWh(송전단)]

1kWh당 라이프 사이클 CO_2 배출량

■ 발전 연료 연소
■ 설비·운용

| 발전 종류 | 석탄 화력 | 석유 화력 | LNG 화력 | LNG 화력 (콤바인드) | 태양광 (주택용) | 풍력 (육상 1기 설치) | 원자력 | 지열 | 중소수력 |

석탄 화력: 943 (864 / 79)
석유 화력: 738 (695 / 43)
LNG 화력: 599 (476 / 123)
LNG 화력(콤바인드): 474 (376 / 98)
태양광(주택용): 38
풍력(육상 1기 설치): 26
원자력: 19 (BWR: 19, PWR: 20)
지열: 13
중소수력: 11

※ 발전 연료의 연소와 더불어 원료 채굴에서부터 발전설비 등의 건설·연료 수송·정제·운용·보수 등을 위해 소비되는 모든 에너지를 대상으로 CO_2 배출량을 산출
※ 원자력에 대해서는 현재 계획 중인 사용후연료 국내 재처리·플루서멀 이용(1회 사이클 전제)·고준위 방사성 폐기물 처분·발전소 폐로 등을 포함해 산출한 BWR(19g-CO_2/kWh)과 PWR(20g-CO_2/kWh)의 결과를 설비용량에 기초한 평균

(출처: 일본 원자력문화재단《원자력·에너지 도면집》에서 작성)

함해 산출했다.

원자력 발전이 1kWh(킬로와트시)당 발생시키는 이산화탄소의 양은 석탄 화력, 석유 화력, LNG 화력에 비해 월등히 적다. 태양광이나 풍력 등의 자연 에너지와 같은 정도다.

덧붙이자면 원자력 발전소에서는 NOx도 SOx도 발생하지 않는다. 그런 의미에서는 깨끗한 에너지라고 할 수 있다.

이러한 우수한 환경 적합성을 가지는 한편으로, 원자력 발전에는 방사선과 방사성 물질이 발생되므로 주변 환경에 영향을 주지 않도록 항상 엄격한 관리와 취급을 해야 한다.

원자력 발전이 환경에 미치는 영향

원자력 발전은 대규모 사고가 발생하면 다량의 방사성 물질이 배출될 위험을 지니고 있다.

일본은 활성단층을 많이 가진 섬나라로 지진과 해일의 위험이 크다. 그럼에도 불구하고 원전 냉각수로 바닷물을 사용하기 때문에 원자력 발전소를 해안가를 따라 건설했다.

지진이나 해일뿐 아니라 인위적인 실수까지 포함해 언제 대형 사고가 발생할지 알 수 없다. 만일 사고가 발생했을 때는 돌이킬 수 없는 치명적인 피해를 보게 될 것이다. 그 우려를 불식시키지 못한다는 점이 원자력 발전의 영원한 숙제일 것이다.

❶ 고온 냉각수

일본은 냉각에 바닷물을 사용하기 때문에 모든 원전을 해안을 따라 건설했다. 이 냉각수가 해양 생태계에 미치는 폐해를 지적받고 있다.

우선 바닷물이 원자력 발전소에 유입될 때 플랑크톤이나 어패류의 알 등이 직접적인 피해를 본다. 냉각수는 원래의 해수 온도보다 7℃ 정도 높은 상태로 바다에 배출되기 때문에 주변 해역의 온난화를 초래한다.

❷ 저준위 오염수

나아가 원전 내부를 청소한 물 등 방사성 물질을 포함한 배수 역시 바다로 흘러가 바다 생물에게 영향을 미칠 우려가 있다. 동시에 해당 해역에서 조업하는 어업 종사자가 괴담으로 입은 피해를 보상해줘야 하는 문제가 재차 대두될 것이다.

후쿠시마 제1원자력 발전소 사고와 관련된 저준위 오염 지하수는 원자력 발전소 시설 내부 탱크에 보관하고 있지만 끊임없이 흘러드는 지하수를 모두 퍼 올려 계속 보관한다는 것이 가능할 리 없다.

아니나 다를까 탱크가 계속 증가하여 부지를 가득 채우는 지경에 이르렀으며 마침내 바다로 방출하지 않을 수 없게 되었다.

현재, 후쿠시마 제1원자력 발전소에서 방출하는 오염수는 다핵종 제거설비(ALPS)를 거쳐 방출되고 있다.

ALPS를 거친 오염수는 방사성 물질을 함유한 원전수에서 다핵종 제거설비(Advanced Liquid Processing System=ALPS)를 사용해 트리튬(삼중수소)과 탄소 14(^{14}C)를 제외한 62개 종류의 방사성 물질을 국가의 규제 기준 이하까지 정화한 물이다.

후쿠시마현 앞바다의 태평양 연안에서 해양 투기되는 오염수가 이것이다.

❸ 사고의 영향

일단 사고가 일어났을 때 환경에 미치는 피해는 말할 필요도 없다. 후쿠시마 원전의 경우 사고 후 10년 이상이 지난 현재도 사람들은 아직 고향으로 돌아가지 못하고 있다.

가까운 미래에 돌아갈 수 있다고 해도 사람들이 예전과 같은 일상생활을 회복할 수 있을지는 미지수다.

방사선의 피해는 일과성으로 끝나지 않고 DNA 등을 통해 다음 세대에도 영향을 미친다. 장기간에 걸친 추적 관찰이 필요하다.

31

방사능의 위험을
완화하는 방법은?

외부 피폭과 내부 피폭

'방사능'은 눈에 보이지 않고 그림자처럼 소리 없이 다가오기 때문에 더욱 무서운 존재다. 방사능 오염을 생각할 때는 방사능이라는 포괄적 단어로 정의 내리지 않도록 한다. 방사능, 방사선, 방사성 물질 등 하나하나 따로 떼어서 생각하는 것이 중요하다.

'방사능'의 정체를 파악한다

방사능은 물질이 아니라 능력이나 성질이기 때문에 당연히 눈에 보이지 않는다. 방사선도 원자핵(α선)이나 전자파(γ선)이기 때문에 전자현미경을 사용한다 해도 볼 수가 없다.

　하지만 방사성 물질은 다르다. 방사성 물질은 하나의 물질이다. 부피와 무게를 가진 실체다. 그중에는 하나하나의 원자 입자로 있는가 하면 원자로의 우라늄 연료처럼 $8 \times 10mm$의 펠릿 형태를 가진 것도 있다.

사실 우리가 '방사능'이란 말로 표현하는 것의 대부분은 이 방사성 물질이다. 스리마일섬 사고(33 참조)에서 누출된 것도, 체르노빌 사고(34 참조)에서 누출된 것도 모두 이 방사성 물질이었다.

방사성 물질은 꽃가루 알레르기를 초래하는 꽃가루처럼 미세한 입자다. 다만 꽃가루의 독은 꽃가루 자체에 국한되지만 방사성 물질은 방사선이라는 눈에 보이지 않는 독을 내뿜는다. 방사선을 제거하려면 방사성 물질을 없애야 한다.

방사성 물질의 종류와 성질을 파악한다

방사성 물질에는 많은 종류가 있다. 동일한 수소 원소라도 방사성이 아닌 (경)수소 $H(^1H)$나 중수소 $D(^2H)$와 함께 극히 적은 양이지만 방사성 삼중수소 $T(^3H)$가 있다.

❶ 자연계의 방사성 물질

자연계에는 많은 방사성 물질이 있다. 위에서 살펴본 수소 외에도 우리 몸을 구성하고 있는 탄소, 칼륨에도 방사성 물질(방사성 동위 원소)이 섞여 있다.

탄소는 3종의 동위 원소 ^{12}C, ^{13}C, ^{14}C가 있는데 방사성 ^{14}C는 β선을 방출한다. 칼륨도 ^{39}K, ^{40}K, ^{41}K 3종이 있고 ^{40}K는 β선을 방출한다.

❷ 반감기의 종류

반감기의 정의는 앞에서 본 바와 같지만 여기서 본 것은 물리학적 반감기다. 그 밖의 반감기를 좀 더 살펴보자.

- **생물학적 반감기:** 체내 또는 특정 조직이나 기관에 침투한 방사성 물질이 대사활동을 통해 배출되어 절반으로 줄어들 때까지의 시간이다.
- **실효 반감기:** 몸 안으로 들어온 방사성 물질이 물리적 감쇠와 생물학적 배설을 통해 실제로 절반이 되는 데 걸리는 시간이다.

그림 7-6 몇 가지 방사성 물질의 반감기

	H3 토리튬	Sr90 스트론튬 90	I 131 요오드 131	Cs134 세슘 134	Cs137 세슘 137	Pu239 플루토늄 239
방출하는 방사선의 종류	β	β	β, γ	β, γ	β, γ	α, γ
생물학적 반감기	10일	50년	80일	70~100일	70~100일	간: 20년
물리학적 반감기	12.3년	29년	8일	2.1년	30년	24000년
실효 반감기 (생물학적 반감기와 물리학적 반감기로 계산)	10일	18년	7일	64~88일	70~99일	20년
축적 기관· 조직	전신	뼈	갑상선	전신	전신	간·뼈

《방사선이 건강에 미치는 영향 등에 관한 통일된 기초자료》
상권 2장 31쪽《원전 사고 유래의 방사성 물질》(출처: 환경성)에서 작성)

❸ 원자로에서 생성되는 방사성 물질

원자로의 사고에서 방출되는 방사성 물질의 종류는 다양하다. 그중에 특히 많은 세 종류가 있다. 바로 세슘(Cs), 요오드(I), 스트론튬(Sr)이다. 이것은 모두 β선을 방출하며, 몸에 쉽게 축적하는 원소이므로 몸 안으로 들어오면 매우 위험하다.

● 방사성 세슘

세슘은 융점 28℃의 잘 녹는 금속으로, ^{133}Cs, ^{134}Cs, ^{135}Cs, ^{137}Cs 4종의 동위 원소가 있다. 이 중에 ^{134}Cs, ^{137}Cs는 핵분열로 생기며, 모두 방사성 물질로 β선과 γ선을 방출한다.

방사성 세슘은 몸 안으로 들어오면 혈류를 타고 근육에 축적되었다가 신장을 거쳐 몸 밖으로 배출된다. 그동안 β선, γ선을 방사하며 각종 장기에 계속해서 손상을 입힌다.

특히 위험한 것은 반감기가 약 30년인 ^{137}Cs로, 이는 몸 안으로 흡수되고 나서 몸 밖으로 배출되기까지인 100일에서 200일에 걸쳐 γ선을 방사해 체내 피폭의 원인이 된다.

● 방사성 요오드

해조류 등에 들어 있는 요오드는 질량수 127의 동위 원소 ^{127}I다. 핵분열로 생기는 요오드는 방사성 ^{131}I이다.

요오드는 인간의 갑상선에 축적되며 그곳에서 갑상선 호르몬인 티록신이 되어 체내의 여러 장기로 퍼져나간다. 따라서 방사성 요오드를 섭취하면 갑상선에 손상을 주어 어린이의 경우에는 갑상선암에 걸릴 확률이 높아진다.

방사성 요오드를 방어하기 위해 요오드제를 먹는다. 이것은 방사성 요오드가 들어오기 전에 갑상선을 일반 요오드로 가득 채워 방사성 요오드가 들어와도 갑상선이 흡수하지 못하게 하는 방법이다.

● 방사성 스트론튬

자연계에 존재하는 스트론튬 대부분은 ^{88}Sr(82.6%)로, 비방사성이지만 핵분열을 통해 ^{89}Sr, ^{90}Sr이 발생한다. 특히 ^{90}Sr은 반감기가 29년으로 길어서 위험하다.

스트론튬은 주기율표로 보면 칼슘(Ca)과 같은 2족 원소다. 따라서 체내에 들어가면 칼슘과 치환하여 뼈에 축적된 후 장기간에 걸쳐 β선을 방사하므로 매우 위험하다.

원전 사고 등으로 인한 외부 피폭을 피하려면

방사선에 의한 피폭에는 선원이 몸 외부에 있는 외부 피폭과 선원이 체내에 침투한 내부 피폭이 있다.

외부 피폭의 경우에는 방사선원의 방사성 물질을 피할 수만 있다면 자동으로 방사선을 피할 수가 있다.

❶ 피한다

만일 원자력 발전시설에 사고가 생겨 방사성 물질이 누출되었다면 우선 방사성 물질에 접근하지 않는 것이 중요하다. 방사성 물질이 꽃가루와 같다고 이해한다면 대처는 간단하다.

방사성 물질 대책의 첫 번째는 독소를 퍼뜨리는 꽃가루를 피하는 것이다. 누출된 시설 부근의 거리에는 방사성 물질이라는 꽃가루가 가득하다. 꽃가루와 접촉하지 않으려면 함부로 밖에 나가서는 안 된다.

방사성 물질로부터 몸을 보호하려면 방법은 차폐밖에 없다. 어느 정도의 차폐가 필요한지는 앞에서 알아본 바와 같다. 실제로는 콘크리트 건물 혹은 자동차를 비롯한 철제 물체 뒤에 몸을 숨기는 정도일 것이다. 그래도 아무것도 하지 않는 것보다는 훨씬 낫다.

❷ 장비

만약 꼭 밖으로 나가야 한다면 긴소매, 긴바지 그리고 안경과 마스크를 모두 착용하도록 한다. 특히 모자와 일체형인 레인코트가 효과적이며 천보다는 비닐 제품이 좋겠다. 레인코트를 입은 상태에서 코트를 물줄기로 씻어내면 방사성 물질이 씻겨 내려간다.

야외에서 입은 옷에는 방사성 물질이 흡착해 있을 가능성이 크다. 옷은 현관 앞에서 벗고 벗은 옷은 방사성 물질이 흩어지지 않도록 비닐봉지에 넣어둔다.

방사성 물질이 피부에 묻으면 외부 피폭이 된다. 대량의 방사성 물질이 묻으면 방사선 열상(일종의 화상)을 입게 되므로, 피부에 방사성 물질이 묻는다면 한시라도 빨리 비누로 씻어낸다.

❸ 집 안으로 들이지 않는다

출입문이나 창문을 닫고 커튼을 치는 것도 효과적인 방법이다.

환풍기는 실내와 실외의 공기를 강제로 교체하는 장치이므로 당연히 멈춰야 한다. 환풍기는 실내의 공기를 밖으로 내보내기만 한다고 생각할 수 있는데, 만약 공기를 내보내기만 한다면 실내의 사람은 공기(산소) 부족으로 질식하고 말 것이다. 환풍기가 실내의 공기를 밖으로 내보낸 후에는 반드시 어딘가에서 꽃가루를 한껏 머금은 실외의 공기를 실내로 빨아들일 것이다.

단 일반 에어컨은 실내, 실외의 공기를 교환하지 않는다. 실내의 공기를 순환시키기만 하는 것이므로 굳이 에어컨을 끌 필요는 없다.

내부 피폭을 피하려면

방사선 피해 중에 무서운 것은 체내로 들어온 방사성 물질이다.

방사성 물질이 방사하는 방사선은 차폐물로 막을 수 있다. 그러나 몸속에 들어온 방사성 물질이 방출하는 방사선은 막을 수 없다. 내장의 세포 하나하나가 손상을 입게 된다. 이 점이 내부 피폭의 무서운 점이다. 그러므로 방사성 물질은 결코 체내로 유입되어서는 안 된다.

내부 피폭을 방지하려면 방사성 물질이 체내로 들어오지 못하게 하는 방법밖에 없다. 그러기 위해서는 마스크를 쓰고, 가글을 하고, 방사능에 오염되었을 가능성이 있는 음식을 섭취해야만 할 때는 잘 씻어야 한다.

방사성 물질은 쓰레기나 먼지와 같아 물로 씻어내면 떨어진다. 이때 세제든 무엇이든 사용하여 철저히 씻으면 그것만으로도 제거할 수 있다. 음식물이 오염되어 있는지 아닌지는 지방자치제가 발표하는 수치에 의존할 수밖에 없다.

그러나 이 수치는 채소의 경우에는 밭에서 갓 수확한 씻지 않은 상태에서 측정하도록 정해져 있다. 흙을 씻어내기만 해도 수치는 몇분의 1로 떨어질 것이다.

제7장 원자력 발전은 환경과 어떤 관계가 있을까?

잘못된 정보나 소문으로 인한 괴담 피해

괴담 피해란, 잘못된 정보나 근거가 불확실한 소문으로 인해 생기는 손해를 일컫는다.

옛날에는 1923년 관동대지진 때 '조선인이 우물에 독을 넣었다'라는 유언비어가 나돌면서 이를 믿은 사람들이 수천 명에 이르는 조선인을 학살한 사건이 있었다.

2011년 후쿠시마 제1원자력 발전소 사고 후에도 농산물, 어획물, 식품, 공업 제품의 판매 부진이나 수출 정지가 피해 지역뿐 아니라 전국에서 일어났다. 또 전국의 관광업이 타격을 입어 2011년 일본 방문 외국인 관광객 수가 전년보다 28% 감소했다고 한다.

괴담 피해에 대한 일본의 법제를 살펴보면, 위법성이 있는 유언비어나 소문에 대해서는 형법의 '명예훼손 및 업무방해죄'가 적용되며 3년 이하의 징역 또는 500만 원 이하의 벌금이 부과된다.

세계를 뒤흔든
역사 속
원자로 사고

32

초기 원자로 사고는
군사용 실험로에서 발생했다

경수로 사고

1961년 미국에서 일어난 사고

원자로는 기계다. 일반적으로 기계에 고장과 사고는 따르기 마련이다. 그러나 원자로에서 발생하는 고장이나 사고는 단순하지가 않다. 원자로에 이상이 생기면 방사성 물질 혹은 방사선 누출로 이어져 인간과 환경에 미치는 피해가 크기 때문이다. 우리에게 알려진 원자로 사고 건수는 많지 않아도 그 영향은 지대하다.

1950년대에도 3건이 보고되었지만, 처음으로 세상을 놀라게 한 원자로 사고는 1961년 미국 아이다호주에서 일어났다. 사고가 발생한 군사용 실험 원자로 SL-1은 연료는 우라늄을, 감속재와 냉각재는 경수를 이용한 현재의 경수로에 해당하는 원자로였다.

아이다호주의 아이다호 폴스에 있던 군사용 실험 원자로 SL-1의 건물에서 원자로 용기를 꺼내고 있다.

시신은 방사성 물질로 변했다

군사 시설로 기밀 사항이 많았을뿐더러 피폭으로 인한 사고 피해자가 모두 사망하는 바람에 사고와 관련된 세부 사항은 알려지지 않았다. 그러나 밝혀진 바에 따르면 **운전원이 제어봉을 잘못 꺼내 원자로가 폭주하면서 발생한 인위적인 사고**였다고 한다.

다행히 감속재이자 냉각재인 경수가 흘러나와 중성자의 속도가 줄지 않았고 우라늄 235(^{235}U)와 반응할 수 없게 되면서 원자로는 자연 정지됐다.

일반적인 가열장치의 고장이라면 냉각용 물이 누출될 시 사고가 확대되는데 이 원자로에서는 물이 반응을 높이는 역할을 했다.

3명의 운전원 중 2명은 그 자리에서 사망하고 나머지 1명도 이송 도중 사망했다. 방사선에 피폭된 탓에 시신은 방사성 물질로 처리되었다고 한다.

세계적으로 피해의 심각성을 알린 스리마일섬 원전 사고

국제 원자력 사건 평가 기준

유명한 원자로 사고를 꼽으라면 두 개의 대형사고, 즉 미국의 스리마일섬 사고와 소련(현 러시아)의 체르노빌(현 우크라이나에 위치)에서 일어난 사고를 들 수 있다.

이는 미국과 소련을 중심으로 패권 다툼이 치열하던 동서 냉전의 소용돌이 속에서 각각의 나라에서 발생한 사고로 매우 상징적인 사건이었다.

스리마일섬 사고는 왜 발생했나?

이 사고는 1979년 3월 28일, 미국 펜실베이니아주의 해리스버그에서 15km 정도 떨어진 사스케하나강의 스리마일섬에서 발생했다. 이곳은 둘레 3마일(1마일=1.6km)의 모래톱으로, 출력 96만 kW의 가압수형 원자로가 설치되어 있었다.

스리마일섬 원자력 발전소

운전을 시작하고 3개월이 지났던 당시, 원자로는 정격 열출력(원자로 냉각재로 전달되는 전체 노심의 열전달률-옮긴이)의 97%로 운전하고 있었다.

발단은 작은 고장이었지만 이를 계기로 사고가 점차 커지게 되었고, 여기에 운전원의 판단 실수까지 더해지면서 마침내 역사에 남는 큰 사건이 되고 말았다.

첫 번째 고장은 2차 냉각계 파이프에 이물질이 끼는 단순한 문제였다. 하지만 그로 인해 2차 냉각계의 펌프가 정지해 노심을 식히는 1차 냉각계의 방열을 할 수 없게 되었다. 그러자 노심의 온도와 압력이 상승했고 원자로의 폭발을 피하고자 노심의 안전밸브가 열렸다. 결국 방사성 물질로 오염된 원자로 안의 냉각수가 수증기가 되어 외부로 대량 방출된 것이다.

가장 심각한 사고로 번졌다

원자로는 자동으로 정지 조치가 취해져 제어봉이 삽입되고 핵분열을 멈추었다.

여기까지였더라면 사고는 예상할 수 있는 범위였을 것이다. 그러나 그 뒤에 계기가 오작동을 일으키면서 운전원은 올바른 판단을 내릴 수 없게 되었다.

원래대로라면 노심을 식히기 위해 냉각수를 대량으로 주입해야 하는데 반대로 냉각수를 잠갔던 것이다. 그 결과 노심 과열 상태에서 열이 계속 가해지면서 마침내 연료가 녹아내리는 멜트다운이 되고 말았다.

원자로 사고의 심각성을 나타내는 지표로 국제원자력사고등급(INES)이 있다. 이 지표는 경도 1부터 가장 심각한 단계인 경도 7까지 정의 내리고 있는데, 스리마일섬 사고는 5단계에 속한다.

스리마일섬 사고가 전파한 영향력

이 사고로 인한 피해자는 나오지 않았다. 그러나 사고의 양상은 뉴스를 통해 실시간으로 전해졌고 인근 주민들은 불안에 휩싸였다.

사고가 발발하고 3일 후에는 노심으로부터 8km 이내의 학교는 모두 폐쇄되었다. 임산부, 입학 전 유아에 대한 피난이 권고되었으며 16km 이내의 주민에 대한 실내 대피 권고가 내려졌다. 주변 주민들은 패닉 상태에 빠지고 말았다.

이 사고는 원자로 사고가 일반 사고와는 비교도 할 수 없는 심각한 영향을 인간에게 미칠 수 있음을 전 세계에 알려주었다.

스리마일섬에는 1호기, 2호기 총 2기의 원자로가 있었다. 사고가 발생한
것은 2호기에서였다.

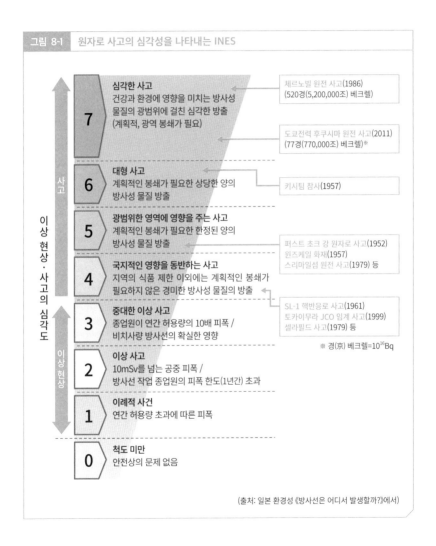

그림 8-1 원자로 사고의 심각성을 나타내는 INES

이상현상·사고의 심각도

사고

7 심각한 사고
건강과 환경에 영향을 미치는 방사성
물질의 광범위에 걸친 심각한 방출
(계획적, 광역 봉쇄가 필요)

체르노빌 원전 사고(1986)
(520경(5,200,000조) 베크렐)

도쿄전력 후쿠시마 원전 사고(2011)
(77경(770,000조) 베크렐)※

6 대형 사고
계획적인 봉쇄가 필요한 상당한 양의
방사성 물질 방출

키시팀 참사(1957)

5 광범위한 영역에 영향을 주는 사고
계획적인 봉쇄가 필요한 한정된 양의
방사성 물질 방출

4 국지적인 영향을 동반하는 사고
지역의 식품 제한 이외에는 계획적인 봉쇄가
필요하지 않은 경미한 방사성 물질의 방출

퍼스트 초크 강 원자로 사고(1952)
윈즈케일 화재(1957)
스리마일섬 원전 사고(1979) 등

이상현상

3 중대한 이상 사고
종업원이 연간 허용량의 10배 피폭 /
비치사량 방사선의 확실한 영향

SL-1 핵반응로 사고(1961)
토카이무라 JCO 임계 사고(1999)
셀라필드 사고(1979) 등

※ 경(京) 베크렐=10^{16}Bq

2 이상 사고
10mSv를 넘는 공중 피폭 /
방사선 작업 종업원의 피폭 한도(1년간) 초과

1 이례적 사건
연간 허용량 초과에 따른 피폭

0 척도 미만
안전상의 문제 없음

(출처: 일본 환경성 《방사선은 어디서 발생할까?》에서)

1호기는 사고 후에도 계속 가동하다가 2019년에 운전을 정지했다. 앞으로 60년에 걸쳐 폐로 절차를 밟을 예정인데 그 비용이 10억 달러 이상(1조 3,000억 원 이상) 소요된다고 한다.

　2호기의 녹아내린 연료는 거의 다 제거했으며, 오염 수준이 떨어지기를 기다렸다가 2041년에 건물과 냉각탑의 해체를 시작으로 2053년에 작업을 끝마칠 예정이다.

34

체르노빌 사고는
어떻게 일어났을까?

실험 중에 일어난 사고였다

체르노빌은 우크라이나 북부, 벨라루스 공화국과 인접한 국경 근처에 있는 도시다. 사고 당시는 소련의 일부였다.

체르노빌 사고는 INES 기준으로 최악에 해당하는 7단계 사고로 평가되었다. 2011년에 후쿠시마 제1원자력 발전소의 사고가 일어나기 전까지 가장 나쁜 수준의 사고였으니 얼마나 심각했는지 알 수 있을 것이다.

사고는 실험 중에 일어났다

사고가 발생한 것은 스리마일섬 사고가 나고 7년 후인 1986년 4월 26일이었다. 체르노빌 원자로의 종류는 흑연감속의 비등수형이었다.

사고 당시 우크라이나는 소련 정권하에 있었고 정부가 정보를 엄격하게 통제하던 시기여서 자세한 사고 내용은 전 세계에 발표되지 않았다.

체르노빌 원자력 발전소

　따라서 사고의 전모는 지금까지도 완전히 밝혀지지 않은 상태다. 만약 사고와 관련된 내용이 모두 발표되었다면 그 후의 원자력 발전 기술을 개발하는 데 크게 공헌했을 것이므로 유감스러운 일이 아닐 수 없다.

　그래도 조금씩이나마 흘러나오는 정보에 따르면, 당시 원자로는 운전을 중지한 상태였다고 한다. 미루어 짐작건대 원자로가 멈춘 상황을 가정한 실험을 하고 있었을 것이다.

　계획대로라면 출력을 20~30%로 좁혀 실험할 예정이었지만 출력은 1%까지 내려가게 되었다. 운전원은 출력을 높이기 위해 급하게 제어봉을 뽑았지만 7% 정도밖에 회복되지 않았다. 그래서 비상용 노심 냉각 장치를 포함한 안전장치를 모두 해제하여 출력을 올리려고 시도했다.

　그러자 원자로의 출력이 한순간에 급상승하게 되었다. 당황한 운전원은 긴급정지 조작을 시도했으나 안전장치가 해제된 상태였기 때문에 원자로 내부의 압력이 상승해 정지 버튼을 누르고 6~7초 뒤에 폭발했다고 한다.

이 원자로는 운전을 정지시키기 위해 제어봉을 삽입하면 일시적으로 출력이 올라가도록 설계되었다고 한다.

원자폭탄 500개 분량의 피해

체르노빌 사고의 피해는 실로 심각했다. INES의 7단계 사고는 처음 있는 일이었다.

이 사고에서는 스리마일섬 사고와 마찬가지로 멜트다운(노심용융)이 일어나 수증기가 폭발하면서 다량의 방사성 물질이 외부로 방출되었다고 한다. 국제원자력기구(IAEA)가 추산한 양은 히로시마에 투하된 원자폭탄(우라늄형)의 500개 분량에 해당한다고 한다.

사고 초기에 정부는 군사기밀 누설이나 주민의 패닉을 우려해 사고를 숨겼다. 그러나 대량의 방사성 물질이 방출된 이 대형 사고를 덮을 수는 없는 노릇이었다.

사고 다음 날에는 1,000km 정도 떨어진 스웨덴에서도 방사성 물질이 검출되었다. 측정자는 그 양이 너무 많아 혹시 핵전쟁이라도 일어난 것이 아닐까 하는 의문을 가졌다고 한다.

소련 정부는 사고가 발생하고 이틀 후인 4월 28일에야 겨우 사고가 발생했음을 발표했다.

열흘이 지난 후에야 방사성 물질의 방출을 수습했다

이 사고에서는 원자로가 폭발한 후 추가로 화재가 일어났다. 가연성 내화재가 연소한 데다가 감속재인 흑연도 불탔다고 한다.

당국은 이에 관해서 다음과 같은 3가지 대책을 마련했다.

① 액체 질소를 투입하여 노심의 온도를 낮춘다.

② 차폐재로 노심 내부에 납을 대량 투입한다.

③ 원자로 전체를 콘크리트로 봉쇄한다.

이 중 ①, ②의 조치가 효과를 보여, 당국은 사고가 난 뒤 10일 정도 지난 5월 6일에 대규모 방사성 물질의 방출이 멈추었다고 발표했다.

3,000명에 달하는 사망자, 10만 명이 넘는 대피자

사고의 영향과 피해는 일회성으로 끝나지 않았다. 사고 뒤처리를 위한 대책 ③과 같이 원자로를 콘크리트로 봉쇄하기 위해 총 60만~80만 명의 노동자가 동원되었다.

소련 정부의 발표에 따르면 이 작업으로 인한 (방사선 장애) 사망자는 31명이었다. 하지만 작업을 직접 지휘한 우크라이나 군인의 말에 따르면 작업 인부 3,000명이 사고 당일 숨졌다고 한다.

체르노빌 주변은 방사성 물질로 오염되었고, 원자로 주변 30km 내의 주민 11만 6,000명은 강제 이주했다.

사고에 관한 장기적인 피해는 조사나 통계가 없어 자세한 사항은 전혀 알려지지 않았지만, 소아 갑상선암 등 방사성 물질과 그와 동반한 방사선 유래 질병이 급증했다는 조사 결과가 있다.

여러 요소가 겹친 사고의 원인

이 사고는 하나의 원인이 아니라 여러 요인이 겹쳐서 발생했다. 그중에서도 주된 원인으로는 다음 사항을 생각할 수 있다.

① 직원에 대한 교육 부족
② 실험을 위한 특별 조건하에서의 운전
③ 저출력 상태에서는 불안정해지는 원자로를 저출력으로 운전
④ 모든 장치의 해제
⑤ 정부 행사의 사정으로 건설을 서둘러 내열 자재를 불연성에서 가연성으로 변경

이 중 하나라도 관련되지 않았다면 이 같은 사고가 일어나지 않았을 것이란 의견도 있다. 하지만 한번 엎지른 물은 다시 주워 담을 수 없다.

체르노빌 원자력 발전소 이후

체르노빌에는 총 4기의 원자로가 있었는데 사고가 발생한 건 그중 4호기에서였다. 사고 후 4호기는 콘크리트로 메웠는데 최근 방사선 때문에 콘크

리트가 약해져 그 위를 한 번 더 콘크리트로 덮는 방안이 검토되고 있다.

지금도 원자로 주변 30km까지는 출입이 금지되고 있다. 최근에는 방사선량이 내려간 상태였지만 2022년 2월 러시아군이 우크라이나 체르노빌을 침공하면서 다시 방사선량이 상승했다.

전차가 원자로 부근을 지나는 바람에 땅이 파헤쳐져 묻혀 있던 방사성 물질이 지표면 위로 드러났기 때문이라고 한다.

35

미군의 수소폭탄 실험으로 피폭된 제5후쿠류마루 사건

세계 최초의 수소폭탄 희생자

이 사건은 일본 국민의 마음에 오래도록 남는 사건이 되었다. 미국이 비키니 환초에서 수소폭탄 폭발 실험을 한 탓에 일본 민간인이 피해를 입은 사건이다.

일본은 세계 최초로 원자폭탄이 투하되어 막대한 피해를 입었을 뿐 아니라 이 사건으로 수소폭탄에 의한 최초의 피해자가 생긴 나라가 되었다. 이후 '비키니 스타일'의 수영복과 '방사능'은 일본인에게 잊지 못할 단어가 되었다.

이때 '방사선'이라는 말을 사용해야 하는데 **당시 언론이 실수로 '방사능'이라는 말을 쓴 탓에 지금도 '방사능'이라는 말이 쉽게 잊히지 않는 것**이다.

분리된 타입의 수영복인 비키니 스타일은 피부를 덮는 면적이 작다. 이에 '수소폭탄 실험으로 찢어져 얼마 남지 않은 옷'을 가리키는 의미로 비키

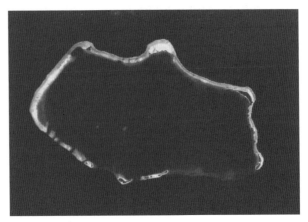
마셜제도에 있는 비키니 환초

니라는 이름을 붙였다는 설이 있다. 하지만 비키니의 진짜 유래는, 그보다 훨씬 전부터 비키니 환초에서 실시되고 있었던 미군의 원폭 실험의 파괴력 이라고 해야 정확할 것이다.

거대한 불기둥이 버섯구름으로 변하는 것을 보았다

사건은 제2차 세계대전이 끝나고 10년도 안 된 1954년 3월 1일에 일어났 다. 세계는 미국과 소련을 중심으로 동서 냉전 중에 있었다.

두 진영은 문화, 문명, 무력 등 모든 면에서 패권 쟁탈전을 벌였다. 폭탄 의 폭발력도 이 같은 경쟁의 일환이었다. 원자폭탄보다 폭발력이 수백 배 나 큰 수소폭탄은 상대에게 폭탄의 위력을 보여주기에 안성맞춤이었다.

이날 남태평양 마셜제도 앞바다 비키니 환초 근처에서 참치를 잡고 있던 일본 어선 제5후쿠류마루의 선원 23명은 앞바다에서 거대한 불기둥이 솟

1954년 3월 1일, 미군의 캐슬 작전(브라보 실험)에서 수소폭탄 실험으로 생긴 버섯구름

아오르는 것을 보고 놀랐다. 불기둥은 크기를 키우더니 거대한 화구가 되었고 마침내 하늘로 올라가 버섯 모양이 되었다. 그것은 당시의 일본인이라면 누구나 알고 있는 핵폭탄 특유의 '버섯구름'이었다.

이날, 그들은 그 시간 그 장소에서 미군이 수소폭탄 실험을 한다는 사실을 미군의 통보로 알고 있었다. 그래서 미군이 설정해놓은 위험지역 밖에서 조업하고 있었다. 그러나 그날 그들 앞에 모습을 드러낸 버섯구름은 그들의 예상을 뛰어넘어 훨씬 거대했다.

방사성 물질 '죽음의 재'가 입힌 피해

선원들은 폭발 지점이 생각보다 가깝다는 사실에 놀라기도 했지만 잠시 후에 더 놀라운 일이 일어났다. 하늘에서 재 같은 물질이 떨어진 것이다.

당시 일본에서는 원자폭탄 폭발과 동반되는 방사성 물질을 '죽음의 재'라

불렀고, 그것이 얼마나 무서운지 잘 알고 있었다. 그래서 선원들은 그것이 죽음의 재임을 깨닫고 서둘러 도망치려고 했다. 그러나 설치한 밧줄을 끌어 올리는 데 시간이 걸려 그들은 결국 몇 시간 동안 그 자리에 머물다가 피폭되고 말았다.

당황한 것은 미군도 마찬가지였을 것이다. 미군은 폭탄의 폭발력을 잘못 상정하고 있었다. 애초 폭발 규모를 TNT 화약으로 환산해 4~8메가톤(400만~800만 톤, 1메가톤=100만 톤)으로 추정했지만 실제로는 예상 이상으로 커져 15메가톤에 이르렀던 것이다. 결과적으로 그날 위험 수역에 있던 선박은 수백 척에 달했고 피해자는 수만 명에 이르는 것으로 추정되었다.

제5후쿠류마루, 생환 후의 일

제5후쿠류마루는 일본으로 돌아왔고 사건은 큰 뉴스가 되었다. '방사능참치'라는 말이 생겨나고 어육의 사재기가 일어나는 등 이는 큰 사회문제로 번졌다.

피폭 6개월 후, 통신수 구보야마 아이키치는 "원자력과 수소폭탄에 의한 희생자는 내가 마지막이길 바란다"라는 유언을 남기고 사망했다.

사건을 마무리 지으려던 미국은 구보야마의 죽음이 피폭 때문임을 인정하지 않고 '산호 쓰레기의 화학적 영향' 때문이라 주장했다. 배상금도 '선의에 의한 위문'이란 형태로 지급했다.

당시 제5후쿠류마루의 선원 23명 중 2004년까지 12명이 사망했다. 사망 원인은 간암 6명, 간경변 2명, 간섬유증 1명, 대장암 1명, 심부전 1명, 교통 사고 1명이라고 한다.

　또한 생존자 대부분이 간 기능 장애를 앓았다. 간염 바이러스 검사에서는 A·B·C형 모두 양성 비율이 비정상적으로 높았다고 한다. 방사선 장애라고 말할 수밖에 없는 결과다.

36

우여곡절의 길을 걸은
원자력선 '무츠'호 사고

원자로 사고, 생방송되다

원자로가 완성되자 이를 선박에 싣자는 제안이 나왔다. 하지만, 실현된 사례는 대부분 전함으로 특히 군사용 잠수함이었다. 운용하는 데 산소가 필요 없고 배기도 나오지 않는 원자로는 잠수함의 동력원으로서 최적이었다. 원자로를 이용해 항해하면 승무원의 식량이 계속 공급되는 한, 수개월에 걸쳐서도 계속 항해할 수 있었다.

단, 민간 상업 선박에 탑재한 사례도 몇 차례 있다. 그 4번째에 해당하는 것이 일본의 원자력선 '무츠'다.

'무츠' 건조에는 어떤 사정이 있었나?

일본은 과거에 조선업계에서 손꼽히는 국가 중 하나였다. 이 과거의 영광을 되찾고자 야심 차게 국책 사업을 진행해 만든 전함이 '무츠'였다. 이 전함은 원자력을 평화적으로 이용하자는 취지의 하나로 건조한 원자력선이었다.

선체는 1969년에 완성되어 아오모리현의 오미나토항에 계류되었다. 그리고 1972년 8월에는 원자로도 완성되었다.

원자로가 임계점에 도달해 가동을 시작한 것은 8월 28일의 일이었다.

원자로 사고를 주먹밥으로 수습했다

그런데 9월 1일, 출력을 1.4%로 올렸을 때 문제가 발생했다. 원자로에서 중성자가 누출된 것이다. 이 사고의 경위는 그 일분일초가 매스컴을 통해 실시간으로 방송되었다. 일본 전 국민이 텔레비전에서 눈을 떼지 못했다.

그때 스피커에서 놀라운 말이 흘러나왔다. 갑자기 아나운서가 "무츠에서 주먹밥을 만들었습니다"라고 말했다. '배가 고프면 싸우지도 못한다는

원자력선 '무츠'   (출처: 일본 원자력연구개발기구)

말인가' 하고 생각한 사람도 있을 것이다. 그런데 아나운서는 이어서 "야구 실력이 뛰어난 선원이 원자로 근처에 모여들었습니다"라고 말했다. 무슨 일일까? 설마 고장 중인 원자로 앞에서 야구라도 할 생각인가?

그러나 꽤 머리 좋은 사람이 생각해낸 묘안이었을까? 주먹밥은 사실 단순한 주먹밥이 아니었다. 중성자를 흡수하는 붕산을 뿌린, 요컨대 김 가루를 묻힌 주먹밥이었다. 공을 잘 던지는 선원이 그것을 중성자가 누출된 부분을 향해 던진다는 아이디어였다.

왠지 만화 같은 이야기다. 원자로는 밥알투성이가 되었으나 어떻게든 그렇게 중성자 누출은 수습되었다.

'무츠', 제2의 인생을 시작하다

그러나 이러한 밥알투성이 배가 오미나토항으로 귀항하는 것을 무츠시 주민은 허락하지 않았다.

이 사고로 피해를 본 사람은 없었다. 군이 말하자면 가장 큰 피해를 본 것은 '무츠'였다. 원자력선으로 일본의 기대를 등에 업고 출항했지만 며칠

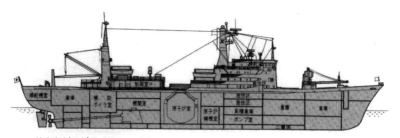

원자력선 '무츠'의 개념도. 중앙에 원자로실이 있다.　　　　　(출처: 일본 원자력연구개발기구)

후에 밥알투성이의 참혹한 모습이 되어 모항에서도 귀환을 거절당했다. 이는 희극이 아닌 비극이었다.

'무츠'는 1991년이 되어서야 원자력선으로 부활했다. 그 뒤, 지구를 2바퀴 돌 정도의 거리를 항해했고 1992년에 마침내 고난 가득했던 긴 근무를 마쳤다. 그즈음에는 이미 원자력선의 시대가 끝나가고 있었다.

그 후, '무츠'는 원자로를 내리고 디젤 엔진으로 바꾸었다. 현재는 일본 해양연구개발기구(JAMSTEC) 소속의 해양 지구 연구선 '미라이'로서 제2의 생을 보내고 있다.

세계 최대급 해양관측선 '미라이'

37

부실한 작업 실태가 일으킨 도카이무라 임계 사고

사고 원인과 사고 대응

보통 사람에게 원자핵 반응이란 친숙한 말이 아닐 것이다. 여러분도 이제야 방사능, 방사선, 방사성 물질과 같은 말이 좀 익숙해지기 시작했을 텐데 말이다.

하물며 '임계'라는 말은 원자력 관계자 외에는 들어본 사람이 많지 않을 것이다.

그런데 도카이무라 사고에서 갑자기 '임계'라는 말이 실제 피해와 함께 날아들었다. 이는 작업 관계자가 목숨을 잃고 원자로 근처의 주민에게 피난 권고가 내려진 전대미문의 사건이었다.

임계 질량 고수는 철칙 중의 철칙

사고는 1999년 9월 30일에 일어났다. 장소는 일본 이바라키현 도카이무라에 있는 주식회사 JCO의 핵연료 가공시설이었다.

이곳에서는 고속증식로의 실험로 '죠요'를 설치하고 시험 운전을 시행했는데, 사고는 한창 죠요를 위한 연료를 만드는 도중 발생했다.

사고 원인은 부실한 현장 작업 실태에 있었기 때문에 나중에 많은 비판의 대상이 되었다.

'임계 질량'은 일정량 이상의 우라늄을 한곳에 굳히면 자연 폭발하는 핵분열성 물질 특유의 성질에 근거한 것이다. 핵물질을 임계 이상의 양으로 만들지 않는다는 것은 핵물질을 다루는 사람에게는 지극히 초보적인 지식이다. 그런 만큼 임계 질량을 지키는 것은 철칙 중의 철칙이다.

따라서 핵물질이 결코 임계 질량 이상이 되지 않도록 기기나 용기에는 엄격하게 형상 제한을 하고 있으며, 취급에 관해서는 엄격하게 작업 순서

이바라키현 도카이무라의 JCO 핵연료 가공시설　　　(출처: 도쿄신문)

(매뉴얼)를 정하고 있다.

그리고 작업원들은 그 매뉴얼에 따라 반복적으로 훈련을 받아 작업 내용을 자다가도 외울 정도였다.

이러한 절차는 언뜻 보면 비효율적인 작업을 강요하는 것처럼 보이지만 작업의 안전을 위해서는 어쩔 수 없는 일이다.

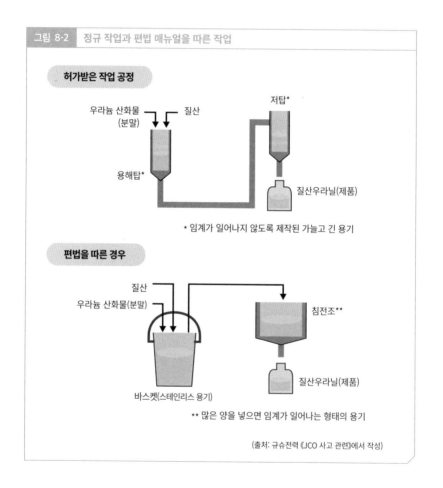

그림 8-2 정규 작업과 편법 매뉴얼을 따른 작업

허가받은 작업 공정

우라늄 산화물
(분말)   질산   저탑*

용해탑*   질산우라닐(제품)

* 임계가 일어나지 않도록 제작된 가늘고 긴 용기

편법을 따른 경우

질산
우라늄 산화물(분말)   침전조**

바스켓(스테인리스 용기)   질산우라닐(제품)

** 많은 양을 넣으면 임계가 일어나는 형태의 용기

(출처: 규슈전력《JCO 사고 관련》에서 작성)

사고의 전말을 돌아보다

당시 현장에서는 우라늄 산화물을 재변환하는 작업 일부를 실시하고 있었다. 정규 매뉴얼에 따르면 우라늄 산화물을 용해하는 공정에서는 임계에 도달하지 않게 '용해탑'이란 장치를 사용하게 되어 있었다.

그런데 현장에서는 이 정규 매뉴얼의 효율성을 무시하고 불법적으로 '편법 매뉴얼'을 만들었다. 이에 따르면 '스테인리스 용기'나 두레박을 사용하게 되어 있었다고 한다.

또한 정규 매뉴얼에는 용액을 형태를 제한한 '저탑'에 넣도록 하고 있지만, 편법 매뉴얼에서는 냉각수 재킷에 싸인 '침전조'에 넣게 되어 있었다.

그 결과 한참 작업 중에 임계에 도달했고, 임계의 특이 현상인 푸른 발광(일반적으로 체렌코프 방사라 하는데 그와는 다른 현상이었다고 한다)과 함께 다량의 중성자가 방출되어 작업을 하던 3명이 피폭을 당하고 말았다.

임계에 도달한 핵물질은 계속해서 핵분열을 일으킨다. 그리고 주변으로 핵분열 생성물인 방사성 물질을 계속 방출한다.

사고의 원인 중 하나는 편법 매뉴얼의 용기인 침전조를 둘러싼 냉각수 재킷에 있었다. 이 물이 감속재가 되어 중성자가 핵분열을 계속할 수 있는 적절한 속도로 떨어뜨렸다.

핵분열을 멈추려면 침전조를 둘러싼 냉각수 재킷에 들어 있는 물을 빼는 방법밖에 없었다. 관계자들이 결사적으로 현장에 들어가 물을 빼고 이후 중성자 흡수재인 붕산수를 주입하여 핵분열 반응은 겨우 진정되었다. 사고가 발생하고 20시간이 흐른 뒤였다.

대응이 서툴러 피해 규모가 커졌다

피해자는 사고를 낸 현장 관계자 3명, 물을 뺀 18명 그리고 붕산수를 주입한 6명으로 총 27명이었다.

그러나 사고 피해는 그뿐만이 아니었다. 현장에서 반경 350m 이내의 민가 약 40세대에 피난 요청을, 500m 이내의 주민에게 피난 권고를 내렸고, 10km 이내의 주민(약 31만 명)에게는 집 안으로 대피한 후 환기장치를 끄도록 했다.

게다가 현장 주변의 도로는 봉쇄되었고 JR의 운행도 보류되는 등 사고의 영향은 끝없이 확대되었다.

이렇게 대규모 대피를 했음에도 공개적으로 인정된 피폭자만 해도 총 667명이었다. 피폭자 중에는 사고 내용을 모르고 출동 요청을 받은 구급대원도 3명이나 포함되었다.

사고가 발생한 후에 JCO의 늑장 대응과 미숙함이 큰 피해를 불러왔다는 비난이 속출했다.

과학기술청에 사고와 관련해 첫 보고가 들어간 시각은 사고 발생으로부터 44분이 지난 뒤였다. 그리고 정부 내에 사고 대책 본부가 꾸려진 것은 그로부터 3시간 40분 뒤의 일이었다.

아무도 이와 같은 대형 사고가 발생하리라고는 생각하지 못했을 것이다. 허술한 대응을 지적받아도 할 말이 없는 사고였다.

꿈을 산산조각 내버린
고속증식로 '몬주'의 사고

핵연료 사이클 구상

'몬주'의 사고는 원자력 발전시설에서 일어난 사고였지만 방사선 누출도 없었고 피해자도 발생하지 않았다. 그래서 어떤 의미에서는 작은 사고였을지도 모른다. 하지만 이 사고는 이후 국가의 핵연료 사이클 계획에 매우 큰 영향을 미쳤다.

　일본의 원자력 계획은 그것을 추진할 것인가, 그만둘 것인가로 늘 논의가 뜨겁다. 어떤 입장에서든 부주의로 인한 실수는 허용되지 않는 상황에 있다.

'꿈의 원자로'에서 사고가 발생했다

사고는 1995년 12월 8일, 후쿠이현 쓰루가시에 있는 고속증식로 '몬주'에서 일어났다.

고속증식로에 대해서는 다음 장에서 자세히 설명하겠지만 이른바 '꿈'의 원자로다.

고속증식로에서는 일단 연료를 태우면 태운 연료 이상의 연료가 다시 생긴다고 한다. 생각해보면 당연히 있을 수 없는 일이다. 조금 과장되게 말하면 자본주의를 부정하는 이야기다. 하지만 과학적으로 보면 불합리한 것도 틀린 것도 아니다.

고속증식로의 원리는 뒤에서 다루기로 하고 여기서는 사고와 관련된 이야기를 해보자.

정부는 일반적인 원자로에서 태우면 나오는 플루토늄을 고속증식로의 연료로 태우고 다시 증식해 돌아오는 연료(플루토늄)를 이용하여 원자력을 계속해서 운용하는 꿈의 원자력 사이클을 기대했다. 원형로의 다음 단계로 나아가는 차세대 원형로가 '몬주'였던 것이다.

고속증식로 '몬주'　　　　　　　　　　　　　　　(출처: Nife's photo)

나트륨 냉각재가 사고의 원인이었다

보통의 원자로는 핵분열 반응에서 나오는 고속중성자의 속도를 감속재(물)로 줄여 열중성자(저속중성자)로 사용한다. 그러나 고속증식로는 그 이름처럼 중성자가 고속 상태를 유지해야 한다.

그림 8-3 | '몬주'의 나트륨 유출 장소

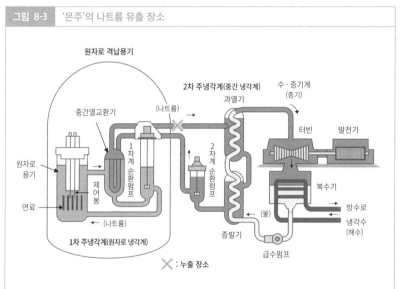

사고의 주요 경위

1995년 12월 8일, 일본 원자력연구개발기구의 고속증식로 '몬주'가 시험 운전되던 중이었다. 원자로 출력을 상승 조작하는데 나트륨 유출 사고가 발생했다. 조사 결과, 배관에 설치되어 있던 나트륨 온도계 설치 부위에서 유출, 공기 중 산소와 반응해 나트륨 화재가 발생했음이 밝혀졌다.

사고의 영향

2차 주냉각계의 사고로, 방사성 물질로 인해 주변 사람이나 종업원이 입은 피해는 없었다. 또한 원자로는 안전하게 정지해 노심에도 영향을 주지 않았다. 하지만 나트륨 유출이 생겨 화재 피해가 확대되었다. 일본 원자력연구개발기구의 정보공개 등에도 문제가 있어 현지 주민을 비롯해 국민에게 불안감과 불신감을 주는 결과를 낳았다.

(출처: 일본 원자력문화재단《원자력·에너지 도면집》에서 작성)

그 말은 원자로 안에 감속재, 다시 말해 물이 존재해서는 안 되는 것이다. 그러면 냉각재로 무엇을 사용해야 할까? 그래서 선택한 것이 원자량 22.99의 나트륨(Na)이었다. 하지만 나트륨은 물에 닿으면 고열과 수소가스를 발생시키고 그 수소가스가 고열에서 발화해 격렬하게 폭발한다. 따라서 나트륨 취급에는 많은 주의를 기울여야 한다.

사고는 이 나트륨이 유출되면서 발생했다. 배관의 온도를 측정하기 위해 설치한 온도계(열전대) 때문에 배관에 구멍이 생긴 것이 원인이었다.

온도계는 액체 나트륨이 고속으로 흐르는 배관 내부에 꽂혀 있었는데 나트륨의 흐름에 의해 진동이 생기고 이음매에 금속피로가 쌓여 결손이 생겼다. 그리고 이 결손 부위에서 고온(700~750℃)의 용융 나트륨이 유출된 것이다.

사고는 핵연료 사이클 계획에도 영향을

유출된 나트륨은 640kg이었는데 회수된 양은 410kg이었다. 나머지 230kg은 환기 설비를 통해 외부 방출된 것으로 추정된다. 그러나 나트륨이 환경에 미친 영향은 확인되지 않았다.

유출된 고온의 나트륨은 바닥에 설치한 두께 6mm의 철판이 보호해 콘크리트에는 도달하지 않았다. 나트륨과 콘크리트의 반응이 일어나지 않고 끝난 것이다.

이 사고에서는 다음 사항이 개선점으로 거론되었다.

① 경보가 있고 난 뒤 원자로 정지에 이르기까지 시간이 걸렸다.

② 나트륨 추출까지 시간이 걸렸다.

③ 환기계의 정지까지 시간이 걸렸다.

사고 후에 '몬주'는 수리를 거쳐 실험 재개를 결정하기도 했다. 하지만 원자로 안으로 연료를 반입하던 중에 연료 교환용 장치를 원자로 안에 떨어뜨리는 일이 발생해버려 실험 재개가 연기되었다. 믿을 수 없는 초보적 사고였다.

그 후에도 불충분한 내부 관리 체계의 현실이 드러나 결국 처음 발생한 사고로부터 20여 년이 흐른 2016년에 정식으로 '몬주'의 폐로가 결정되었다. 플루서멀과 고속증식로를 2개의 기둥으로 하는 일본의 핵연료 사이클 계획은 큰 타격을 받게 되었다.

콘크리트와 나트륨

앞에서 나트륨과 콘크리트 사이에 철판이 설치되어 있었기 때문에 양쪽의 반응이 일어나지 않았다고 했는데, 이는 무엇을 의미하는 것일까?

이를 알아보기 위해서는 콘크리트에 관한 이해가 필요하다. 콘크리트는 회색 가루인 시멘트에 모래와 자갈, 물 등을 섞어 반죽해서 만든다.

이 진흙 형태의 반죽이 굳어서 단단한 콘크리트가 되는 원리는 무엇일까? 물이 증발하기 때문일까? 물이 증발하면 원래대로 시멘트 가루와 자갈로 돌아가야 하지 않을까?

하지만 콘크리트는 물을 잔뜩 포함하고 있다. 의외일 수 있겠지만 콘크리트는 물 덕분에 돌처럼 굳는 것이다. 시멘트를 반죽할 때 사용한 물은 증발해 없어지지 않는다. 물은 그대로 남아 콘크리트의 성분이 된다. 다시 말해, 콘크리트는 시멘트와 자갈과 물의 혼합물이다.

만약 철판에 구멍이 생겨 고온의 나트륨이 콘크리트와 만났다면 어떻게 되었을까? 나트륨이 콘크리트에 포함된 수분과 반응해 폭발함으로써 큰 사고로 이어졌을지도 모른다.

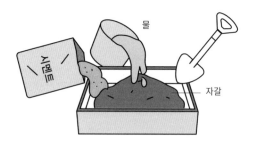

2011년 3월 11일에 일어난 후쿠시마 제1원자력 발전소 사고

동일본 대지진

2011년 3월 11일 오후 2시 46분, 일본의 아오모리현에서 이바라키현에 이르는 태평양 연안의 광대한 지역에 규모 9.0의 거대 지진, '도호쿠 지방 태평양 해역 지진(동일본 대지진)'이 발생했다.

지진의 영향은 땅을 흔드는 정도로 끝나지 않았다. 거대 지진에 이어 거대 쓰나미가 도호쿠와 간토 지역을 휩쓸고 지나갔다. 쓰나미의 높이는 이와테현 미야코시에서 38.9m에 달했다고 한다. 지진보다 쓰나미로 인한 피해가 더 컸으며 사망자와 실종자의 수가 2만 명을 넘어섰다.

비상 발전 장치에 치명적 손상을 주었다

지진의 여파에 원자로도 무사하지 못했다. 후쿠시마현 후타바군에는 도쿄전력의 후쿠시마 제1원자력 발전소(이하 '후쿠시마 제1원전')가 위치한다. 1971

년부터 1979년에 걸쳐 운전을 시작한 1~6호기까지 총 6기의 원자로가 있다. 이 중 1호기에서 3호기까지 모두 3기가 가동 중이었다. 이 원자로 부지를 진도 6의 지진과 14m 높이의 쓰나미가 덮친 것이다.

발전시설은 지진 그 자체는 어느 정도 견뎌낸 것으로 추정되지만 쓰나미는 그렇지 못했다.

쓰나미도 원전 시설의 심장부에는 크게 손상을 주지 못했지만, 주변부, 특히 비상용 발전 장치에는 치명적인 손상을 초래했다.

사고 경과는 어떻게 되었나?

지진 발생에도 불구하고 가동 중이었던 1~3호기는 모두 정상 작동했다. 지진 발생과 동시에 제어봉을 자동으로 삽입, 원자로 내 중성자를 흡수하

도쿄전력의 후쿠시마 제1원자력 발전소　　　　　　　　(출처: IAEA Imagebank)

　　　　　　제8장 세계를 뒤흔든 역사 속 원자로 사고

면서 원자로는 자동 정지했다. 핵분열이 완전히 정지한 것이다.

그러나 원자로의 연료체는 핵분열을 중지한 후에도 발열이 계속되었는데 그 열량이 핵분열을 할 때의 3%에 달했다고 한다. 발열을 계속하는 사용후핵연료를 그대로 두면 온도가 상승해 연료체가 녹아내려 멜트다운이 일어난다.

멜트다운된 핵연료는 압력용기 바닥으로 떨어져 그 밑을 뚫고 격납용기의 바닥을 녹이고 땅속 깊이 가라앉는다. 이것만은 막아야 한다.

그러기 위해서는 원자로에 차가운 물을 공급하여 식히는 방법을 써야 한다. 그런데 외부 전원장치가 쓰나미로 부서지면서 펌프가 작동하지 않았다. 연료체가 열을 내며 온도를 상승시켰고 냉각수는 끓어올랐다. 마침내 압력용기 내부는 수증기로 인해 압력이 높아졌다.

후쿠시마 제1원전 3호기 건물이 폭발한 뒤의 외관 　　　　　(출처: 자원에너지청)

3월 12일에는 격납용기 내부의 압력이 높아졌다. 격납용기가 고압 때문에 폭발하게 되면 큰 사고로 이어진다. 긴급조치로 격납용기의 비상용 밸브를 열어(벤트), 수증기를 방출했다.

수증기를 방출하던 그 시간에 1호기에서 폭발이 일어나 격납용기를 덮은 건물이 부서지고 잔해가 사방으로 날리는 충격적인 사고가 발생했다. 동일한 폭발이 3호기에서도, 심지어 정지 중인 4호기에서도 일어났다. 모두 수소폭발이었다고 한다.

원인은 연료체를 덮는 보호재인 지르코늄 금속의 온도가 상승하면서 물과 반응해 수소가스를 발생시켰고 그 수소가스에 불이 붙었기 때문이다. 원자로가 핵폭발을 일으킨 것이 아니었다.

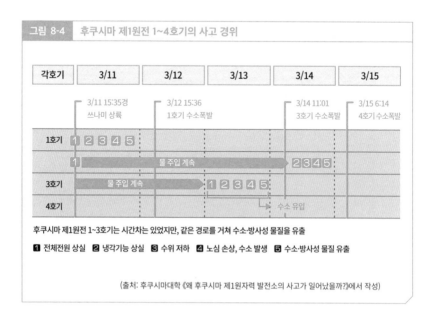

그림 8-4 후쿠시마 제1원전 1~4호기의 사고 경위

각호기	3/11	3/12	3/13	3/14	3/15

3/11 15:35경
쓰나미 상륙

3/12 15:36
1호기 수소폭발

3/14 11:01
3호기 수소폭발

3/15 6:14
4호기 수소폭발

1호기 1 2 3 4 5

1 물 주입 계속 2 3 4 5

3호기 물 주입 계속 1 2 3 4 5

4호기 수소 유입

후쿠시마 제1원전 1~3호기는 시간차는 있었지만, 같은 경로를 거쳐 수소·방사성 물질을 유출

1 전체전원 상실 **2** 냉각기능 상실 **3** 수위 저하 **4** 노심 손상, 수소 발생 **5** 수소·방사성 물질 유출

(출처: 후쿠시마대학 《왜 후쿠시마 제1원자력 발전소의 사고가 일어났을까?》에서 작성)

제8장 세계를 뒤흔든 역사 속 원자로 사고

그러나 이 폭발로 인해 방사성 물질이 공기 중에 흩어져 날아간 것으로 보인다. 시급한 원자로 냉각을 위해 취한 고육지책은 원자로에 바닷물을 주입하는 것이었다. 그마저도 펌프가 작동하지 않아 소방차의 펌프로 주입할 수밖에 없었다.

방사능 오염 제거

해수 냉각으로 원자로의 가열 문제는 그럭저럭 수습되었지만 원자로 주변은 수소폭발이나 원자로 벤트에 의해 흩어진 방사성 물질로 오염되었다. 대피한 주민이 돌아오기 위해서는 오염을 제거해야만 한다.

소화 작업에서 나온 물이나 방사성 물질에 의해 오염된 지하수는 발전 시설 내부 탱크에 보관하기로 했다. 한편 땅 위로 내려앉은 방사성 물질도 제거해야만 했다.

이를 위한 구체적인 방법으로는 '제거', '차단', '원거리 보관' 총 3가지가 있다. 이들 방법을 조합해 대책을 실시하는 것이 '제염' 작업이다.

제염 작업은 방사성 세슘을 제거하고 방사선량을 줄이기 위해 실시한다. 그 작업 내용은 일반 가정에서 볼 수 있는 청소법과 거의 동일하다. 눈에 보이는 일반 오염을 청소함으로써 눈에 보이지 않는 방사성 세슘에 의한 오염도 함께 제거하는 것이다.

사고 이후 10여 년에 걸쳐 꾸준히 작업한 결과, 재해 지역의 상당 부분은 출입 금지 결정이 해제되어 희망하는 주민은 돌아갈 수 있게 되었다.

그러나 앞선 체르노빌 사고에서도 보았듯이 언뜻 보기에 방사선량은 줄어든 것 같아도 땅속에는 아직도 남아 있을 가능성이 높다. 방사성 물질이 남아 있는 한 그 땅에서는 농작물을 생산할 수 없다.

또한 피난 지시가 해제되어도 돌아가기를 거부하는 사람이 존재하는 등 사고의 후유증은 사회 깊숙이 남아 있다.

이렇듯 원자로 사고의 피해는 물리적, 금전적인 것에만 그치지 않는다. 두 번 다시 일어나서는 안 될 사고임은 틀림없다.

40

전쟁과 테러와 같은
예기치 못한 사태를 대비해

우라늄·플루토늄의 존재

지금까지의 예를 보면 원자로는 한번 건설하면 50년 이상 가동한다. 그사이 세계 정세도 변화하고, 우리가 알던 국가는 사라지고 다른 국가가 새롭게 탄생한 경우도 있다.

있어서는 안 될 일이지만, 원자로의 안전성 면에서 볼 때 테러나 전쟁의 가능성을 배제할 수 없다.

지금까지 원자로가 전쟁의 직접적인 피해를 입거나 테러의 표적이 된 적은 없다. 그러나 최근 우크라이나 사태를 보더라도 원자력 발전소가 공격의 표적이 안 될 것이라고는 장담할 수 없는 상황이다.

전쟁으로 원자력 발전소가 파괴된다면……

원자력 발전소가 파괴되면 그로 인한 방사능 피해는 공격받은 나라에만 국한되지 않는다. 공격을 받은 국가와 인접한 국가도 피해를 입을 뿐 아니라 관계없는 지역에도 피해를 줄 수 있다. 만약 이 같은 공격을 한다면 그것은 광기 어린 행위라고밖에 표현할 길이 없다.

역사적으로 보았을 때 인간이 있는 한 전쟁은 사라지지 않는다. 원자력 시설을 절대로 공격 대상으로 삼지 않겠다고 유엔에서 결의하는 방법 외에는 인류가 할 수 있는 일이 없는 것일까?

테러로 우라늄과 플루토늄을 뺏기면……

원전 연료의 우라늄은 ^{235}U 함유 비율이 낮은 '저농축 우라늄'이다. 원자폭탄에는 함유 비율 70% 이상의 '고농축 우라늄'이 사용되는데, 이것은 원전 연료인 저농축 우라늄으로 만들 수 있다. 우라늄을 20% 정도로 농축하는 것은 쉽지 않지만 그것을 초과하면 난이도가 낮아진다고 한다.

또한 일본에서는 사용후핵연료에서 플루토늄을 추출하고 있다. 원자폭탄의 재료로는 우라늄보다 플루토늄이 뛰어나며 현대의 원자폭탄은 대부분 플루토늄을 이용한다. 핵무기를 제조하려는 국가나 테러리스트가 우라늄과 플루토늄을 탈취할 가능성이 없다고 단언할 수 없다.

앞에서 보았듯이 원자폭탄 용기를 만드는 것은 간단하다. 원자폭탄을 제작하기 어려운 이유는 폭발물인 우라늄과 플루토늄을 마련하기가 어렵기 때문이다.

이 폭발물이 테러리스트의 손에 들어가면 한 달 후에는 원자폭탄으로 바뀔 수도 있다.

플루토늄 6kg으로 원자폭탄을 만들 수 있다

2021년 말 기준으로 일본이 보유한 플루토늄은 약 45.8톤이다. 일본 국내에는 아오모리현 롯카쇼무라 재처리 공장에 약 9.3톤이 있고, 재처리를 위탁한 영국과 프랑스를 합쳐 총 36.6톤을 보유하고 있다.

플루토늄 6kg으로 원자폭탄 1개를 만들 수 있다. 다시 말해, 플루토늄 45.8톤은 원자폭탄 7,500발 이상과 맞먹는다.

일본은 플루토늄을 원자로의 연료로 사용하며 줄여나가기로 했으나 계획은 진행되지 않고 있다.

만약 이러한 핵폭탄의 원료가 테러리스트의 손에 넘어가면 어떻게 될까? 테러의 경우 실제 피해를 볼 국가는 도난당한 당사자가 아니다.

국제적인 신용 측면에서라도 핵폭탄의 원료는 엄격히 보관해야 한다.

앞으로
원자력 발전은
어떻게
진화해나갈까?

41

고속증식로의 연료 증식 구조

꿈의 원자로

인류는 수백만 년 동안 목재를 에너지원으로 사용했다. 그리고 18세기 중엽 산업혁명 때부터 화석 연료를 사용해왔으니 그 역사는 200년 정도 된다. 한편, 원자로의 역사는 아직 반세기 정도에 불과하다. 원자로는 앞으로도 진화와 진보를 계속해나갈 것이다.

여기서는 원자력 발전이 앞으로 어떻게 진화해나갈 것인지, 그 미래에 관해 생각해본다.

원자로의 미래는 기술적인 측면에서 보는 미래와 환경적인 측면에서 보는 미래, 두 가지가 있다. 먼저 기술적인 측면에서의 미래를 생각해보자.

고속증식로에 기대를 거는 이유는?

원자로가 안고 있는 문제 중 하나는 고속증식로의 개발이다.

현재의 원자로는 우라늄의 잠재적 에너지를 충분히 활용하고 있다고 할 수 없다. 기본적으로 우라늄 235(^{235}U)를 연료로 하는 원자로는 우라늄의 약 0.7%밖에 이용하지 못하고 있다. 최종적으로는 우라늄 238(^{238}U)도 연료화하고 있지만 이것을 합산해도 우라늄 전체의 0.75%밖에 활용하지 못한다는 결론이 나온다.

우라늄의 잠재 능력을 100% 끌어내려면 고속증식로를 이용하는 방법이 가장 좋지만 개발이 난항을 겪고 있다. 과거 개발에 참여했던 국가들도 일본을 포함해 차례로 철수하고 있다. 러시아만 최근 상업 개발에 성공했다고 하니 러시아에서 기술을 도입하면 개발은 불가능하지 않다.

'증식로'는 연료가 늘어나는 마법의 원자로다. **다시 말해 연료를 태우면 에너지가 발생할 뿐 아니라 연료를 만들어낸다.** 석유난로에 비유하자면, 연료탱크에 석유를 반쯤 넣고 불을 때면 방이 따뜻해지는 데다가 어느샌가 석유가 늘어나 연료탱크가 가득 차 있는 것이다.

'고속증식로'의 뜻

그러나 고속증식로에서 말하는 '고속'은 '고속으로 연료가 증식한다'는 뜻이 아니다. '고속중성자에 의해 연료가 증식한다'는 의미다.

예컨대, 고속증식로에서 핵연료 1톤을 연소하면 그 1톤의 연료는 핵분열을 하여 엄청난 에너지를 발산하고 전력을 생산한다.

타고 남은 연료의 쓰레기(사용후핵연료)를 조사하면, 아직 태울 수 있는 연료가 1톤 이상이나 존재한다. 1톤 이상이 아니면 증식이라고 할 수 없다.

증식로라고 말하기 위해서는 증식률이 1.0 이상이 되어야 한다.

이 같은 터무니없는 일이 정말 가능할까? 그런데 그런 일이 정말 가능하다. 이것을 고속증식로라고 한다. 원리는 간단하다. 알고 나면 오히려 허무할 수 있다.

고속증식로의 연료는 사용후핵연료로 만든다

고속증식로에서 사용하는 연료는 우라늄(U)이 아니라 플루토늄(Pu)이다. 플루토늄은 자연계에는 존재하지 않는, 인간이 만들어낸 새로운 인공 원소다. 플루토늄은 일반 원자로에서 우라늄을 사용해 만든다.

일반 원자로의 연료로는 농축 우라늄을 사용한다. 농축 우라늄은 천연 우라늄에 약 0.7%밖에 들어 있지 않은 ^{235}U의 함유량을 수 %로 높인 것이다. 다시 말해, 연료의 90% 이상은 연료로 쓰이지 못하는 ^{238}U라는 말이다. 고속증식로에서 사용되는 플루토늄 239(^{239}Pu)는 바로 이 ^{238}U로 만든다.

다시 말해, ^{235}U의 핵분열로 발생한 '고속중성자'가 ^{238}U와 충돌한다. 그러면 ^{238}U는 중성자를 흡수하여 질량수가 1 늘어난 우라늄 239(^{239}U)가 된다. 하지만, ^{239}U는 매우 불안정하므로 β선(전자, e⁻)을 방출하여 원자번호가 1 늘어난 넵투늄 239(^{239}Np)가 된다. ^{239}Np도 불안정한 상태이기 때문에 다시 β선을 방출하여 원자번호 1이 늘어난 ^{239}Pu가 된다.

이러한 경로로 원자로의 사용후핵연료는 ^{239}Pu를 함유하게 된다.

그림 9-1 ^{238}U에서 연료의 ^{239}Pu로 변화

$$^{238}_{92}U \xrightarrow{\text{n(중성자)을 흡수}} {}^{239}_{92}U \xrightarrow{\beta\text{선 방출}} {}^{239}_{93}Np \xrightarrow{\beta\text{선 방출}} {}^{239}_{94}Pu$$

그림 9-2   우라늄의 핵분열과 플루토늄의 생성 · 핵분열

경수로의 핵분열과 플루토늄 생성

고속증식로의 핵분열과 플루토늄 생성(증식)

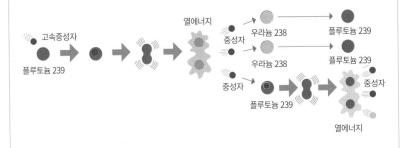

(출처: 일본 원자력문화재단《원자력 · 에너지 도면집》에서 작성)

연료 증식은 왜, 어떻게 일어나는가?

고속증식로에서는 비핵연료인 ^{238}U가 핵연료 ^{239}Pu가 되기 위해서는 '고속 중성자'와 반응해야 한다. 이 **'고속중성자가 반응하여 연료가 증식한다'**는 것이 **고속증식로에서 '고속'이 가진 의미**다.

^{239}Pu는 ^{235}U와 마찬가지로 핵연료로서 핵분열을 한다. 그리고 그때 고속 중성자를 방출한다. 이 사실과 앞에서 본 핵반응을 이용하면 연료 증식의 구조는 단순하고 이해하기 쉽다.

즉 ^{239}Pu 주위를 ^{238}U가 에워싸고 한가운데의 ^{239}Pu를 핵분열시킨다. 그러면 ^{239}Pu는 에너지, 핵분열 생성물과 함께 고속중성자를 방출한다.

이 고속중성자를 주위의 ^{238}U가 흡수하여 ^{239}Pu로 변화한다. 바로 연소한 양 이상의 ^{239}Pu가 생산되어 연료의 증식이 일어나는 것이다.

고속증식로는 그야말로 꿈의 원자로다. 천연 우라늄의 99.3%를 차지하면서도 핵연료가 되지 못하는 ^{238}U를 핵연료인 ^{239}Pu로 바꿔준다.

천연 우라늄의 약 0.7%밖에 되지 않던 연료가 단순 계산으로 생각하면 100% 그대로 연료가 된다. 배율로 따지면 무려 140배가 된다. 우라늄의 가채매장량으로 보면 현재의 70년이 단번에 1만 년으로 늘어나는 것이다.

한동안은 에너지 문제에서 해방될 수도 있다.

고속증식로의 문제는 냉각재에 있다

고속증식로는 원리도 단순하고 실현도 가능한 멋진 원자로다. 그런데 이처럼 훌륭한 원자로임에도 불구하고 러시아를 제외하면 아직 전 세계에서 실용화된 실적이 없다. 무슨 문제가 있는 것일까?

원자로에서 생긴 열을 원자로 밖으로 꺼내어 발전기를 돌리려면 냉각재(열매체)가 필요하다.

지금까지 주요 냉각재로는 물(경수 혹은 중수)을 사용했다.

그런데 경수와 중수 모두 최고의 감속재다. 다시 말해 이것들은 고속중성자를 열중성자(저속중성자)로 만들어버린다. 그렇게 되면 ^{238}U와 반응할 수가 없다.

결과적으로 고속증식로의 냉각재로는 물을 사용할 수 없는 것이다.

그렇다면 물을 대체할 냉각재는 무엇이 있을까? 기름은 안 된다. 기름은

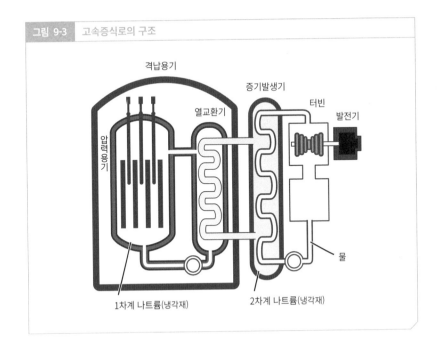

그림 9-3   고속증식로의 구조

격납용기

증기발생기

터빈

발전기

열교환기

압력용기

물

1차계 나트륨(냉각재)

2차계 나트륨(냉각재)

탄화수소로, 수소를 충분히 가지고 있다. 말하자면 기름 역시 최고의 감속재다.

그렇다면 수은은? 수은의 비중은 13.7이나 된다. 이렇게 무거운 물질이 고속으로 이동하려면 원자로 용기와 배관이 꽤 튼튼해야 하므로 실용성이 떨어진다.

그래서 현재는 냉각재로 가볍고(비중 0.97) 융점이 낮은(97℃) 금속 나트륨을 사용한다.

그런데 나트륨은 반응성이 매우 높아 물과 반응하여 폭발한다.

1995년에 고속증식로 '몬주'에서 일어난 사고는 배관에서 이 나트륨이 유출되어 발생했다. 이 사고가 원인이 되어 일본의 고속증식로의 원형로인 '몬주'의 연구는 폐지되고 말았다. 재개 계획은 아직 세워지지 않고 있다.

42

장점도 있지만 문제점도 있는 토륨 원자로의 개발

희토류 문제

현행 원자력 발전은 원자핵의 핵분열 반응을 이용해 에너지를 생산하고 그것을 전기 에너지로 전환하는 장치다. 현재 가동하고 있는 거의 모든 통상적인 원자로는 연료로 ^{235}U를 이용한다.

그러나 원자로의 연료가 되는 원자핵은 ^{235}U만이 아니다. 인공 원소지만 ^{239}Pu도 연료가 된다.

그런데 자연계에 존재하는 원소라도 연료가 될 수 있는 원소가 있다. 그것은 바로 토륨 232(^{232}Th)다.

원자로의 목적은 군사적 이용인가, 평화적 이용인가?

20세기 중반, 원자로의 가능성에 대해 열띤 논의가 일었다. 당시 미래의 원자로 연료 후보로 우라늄과 토륨(Th)이 거론되었다.

우라늄이 좋을지 토륨이 좋을지 의견이 분분했다고 한다. 그러나 결론적으로 우라늄이 채택되었다. 그 이유가 무엇일까? 원자로는 누구를 위해 만드는 것일까?

❶ 과거에는 우라늄이 유리했다

원자폭탄 제조를 계획하고 있는 나라의 동향을 보면 알 수 있듯이 핵에너지 이야기에는 핵무기 이야기가 그림자처럼 따라온다.

무엇보다도 미국과 소련(현 러시아)의 동서양 진영이 존재했고 냉전을 벌이던 당시에는 핵무기의 그림자가 전 세계를 뒤덮고 있었다.

우라늄과 토륨을 놓고 벌인 논쟁에서 결론을 내린 것은 군사적 효용이었다고 한다.

핵폭탄에는 우라늄이나 플루토늄을 사용한다. 그리고 핵폭탄에 적합성이 뛰어난 소재는 소형이지만 폭발력이 강력한 플루토늄이다. 우라늄 원자로를 가동하면 원하지 않아도 플루토늄이 생산된다. 그런데 토륨 원자로는 플루토늄을 생산하지 않는다.

❷ 현재는 토륨이 유리?

플루토늄 생산을 제외하고 순수하게 에너지 면에서 비교하면 토륨 쪽이 유리하다고 한다.

특히 현재는 핵 확산이 문제가 되고 있다. 핵폭탄을 가진 나라가 지금보다 늘어나게 되면 예상하지 못한 사태에 대처할 수 없게 된다. 따라서 사용후핵연료의 재처리를 통한 플루토늄 추출과 보유, 나아가 그 사용에는 각국이 신경을 곤두세우고 있다.

이러한 때에 플루토늄을 생산하지 않는 토륨 원자로의 특징은 장점일 순 있어도 결코 단점이 될 수 없다.

토륨 원자로의 유리한 점은 무엇인가?

지표면 아래 존재하는 전체 원소 86종류(희소 가스 원소는 땅속에는 존재하지 않는다)의 존재 농도와 그 순서를 나타낸 클라크수 지표가 있다.

❶ 토륨의 존재량

클라크수(지표면 부근 원소의 존재 비율을 질량(%)으로 나타낸 것)에 따르면 우라늄은 53위로 농도는 4ppm이다.

반면 토륨은 38위이며 12ppm으로, 우라늄보다 3배나 많이 존재한다.

38위라는 것은 비소(49위), 수은(65위), 은(69위) 등의 원소보다 상당히 많이 존재한다는 뜻이다.

게다가 천연 토륨은 매우 드물게 동위 원소가 얼마 없다. 거의 100%가 핵연료가 되는 방사성 토륨 232(^{232}Th)라는 점도 큰 장점이다.

토륨 원자로에서는 핵연료로서 이 ^{232}Th를 사용한다. 그러나 토륨 자체를 핵분열시키지는 않는다. ^{232}Th에 중성자를 방사하면 ^{233}Th가 되고 ^{233}Th는 β붕괴하여 우라늄 233(^{233}U)이 된다.

그리고 이 ^{233}U가 열중성자에 의해 핵분열을 일으켜 원자핵 에너지를 방

그림 9-4 토륨에서 핵연료 ^{233}U로 변화

$$^{232}_{90}\text{Th} \xrightarrow{\text{n(중성자)을 흡수}} {}^{233}_{90}\text{Th} \xrightarrow{\beta\text{선 방출}} {}^{233}_{91}\text{Pa} \xrightarrow{\beta\text{선 방출}} {}^{233}_{92}\text{U}$$

출하는 구조다.

그렇지만 이들 반응을 일일이 멈추고 그때마다 생성물을 꺼낼 필요는 없다. 이들 반응은 원자로 안에서 자동으로 진행되며 마지막 단계까지 가서 에너지와 핵분열 생성물(사용후핵연료)만 원자로에서 배출하는 구조다. 고속증식로에서 ^{238}U가 고속중성자와 반응하여 ^{239}Pu가 되는 것과 유사하다.

❷ 토륨 원자로의 실적

토륨 원자로는 새로운 유형의 원자로이고 해결해야 할 문제도 있지만, 사실 이 원자로는 이미 1960년대에 수년에 걸쳐 안전하게 가동한 실적이 있다.

앞으로 각국이 본격적으로 나서면 실용적인 상업 원자로 개발은 그다지 어렵지 않을 수 있다.

진짜 문제는 우라늄 원자로로 구축된 현재의 원자로 체계, 인프라군 속에서 새로운 개념의 토륨 원자로를 어떻게 결합해나갈 것인가 하는 경제적·정치적인 면에 있을지도 모른다.

토륨과 관련한 문제가 또 하나 있다. 그것은 토륨의 산출이다.

현재 인도, 중국은 우라늄 자원이 부족해 우라늄을 수입하는 국가다. 하지만 토륨은 그 반대다. 인도와 중국에는 많은 토륨이 존재한다.

토륨은 지금 문제가 되는 희토류와 함께 산출된다.

중국은 세계 희토류 매장량의 30%, 생산량의 90% 이상을 자랑한다. 중국 희토류에서 토륨이 차지하는 비율은 인도 희토류에 비해 낮지만 그렇다고 해도 양이 압도적으로 많다.

토륨 원자로는 앞으로 중국과 인도를 축으로 세계 원자력 전략에 큰 영향을 미칠 것이다. 이러한 흐름에 대비할 필요가 있다.

토륨과 희토류

현대 과학 산업에 필수적인 금속 원소 중 그 존재가 희귀하거나 추출이 어려운 물질을 희소 금속이라 한다. 천연에 존재하는 금속 원소의 약 70종류 중 47종류가 희소 금속으로 지정되어 있는데 그중 17종류를 특별히 희토류라고 부른다.

희토류는 발광성, 발색성, 자성, 레이저 발진성 등 현대 과학 산업 중에서도 특히 최첨단 분야와 관계가 있는 원소다. 그런데 이 희토류 원소의 광석에 해당하는 모나자이트 광석은 토륨을 함유하고 있다. 많은 경우에는 10%나 들어 있다고 한다.

희토류는 많은 나라에서 산출되지만 분리 정제하여 판매하는 것은 대부분 중국산이다. 17종류의 희토류 금속은 서로 성질이 매우 비슷하여 분리가 어렵기도 하고, 또 위험한 방사성 원소 토륨을 포함하고 있기 때문이라 한다.

다른 나라라면 분리·정제 공장을 만들려고 해도 주민들이 받아들이지 않을 것이다. 환경 문제에 대범한 중국이기 때문에 가능한 이야기다.

희토류 원소 일람

원자번호	원소기호	원소명	원자번호	원소기호	원소명
21	Sc	스칸듐	64	Gd	가돌리늄
39	Y	이트륨	65	Tb	터븀
57	La	란타넘	66	Dy	디스프로슘
58	Ce	세륨	67	Ho	홀뮴
59	Pr	프라세오디뮴	68	Er	어븀
60	Nd	네오디뮴	69	Tm	툴륨
61	Pm	프로메튬	70	Yb	이터븀
62	Sm	사마륨	71	Lu	루테튬
63	Eu	유로퓸			

모나자이트: 인산염 광물로 화학조성은 XPO_4. X에는 희토류 원소인 세륨(Ce), 란타넘(La), 프라세오디뮴(Pr), 네오디뮴(Nd) 외에 토륨(Th)이 들어간다.

1950년대 1세대부터 차세대 원자로까지

원자로의 진화

2011년에 일어난 후쿠시마 제1원자력 발전 사고의 비극을 본 세계는 원자력 발전에서 손을 뗀 것처럼 보였다.

그러나 화석 연료가 발생시키는 이산화탄소 증가로 인해 지구 온난화 및 기후변화 문제가 심각해지면서 최근에 다시 원자력 발전을 이용하려는 움직임이 나타나고 있다.

원자력을 대체할 것으로 기대되었던 재생에너지의 취약성과 우크라이나 위기에 따른 러시아 에너지의 이탈 등이 그 움직임에 박차를 가하고 있다.

원자로 진화의 발자취

그렇지만, 지금까지와 동일한 원자력 발전소를 건설한다면 언젠가 다시 같은 사고가 일어나지 않는다고 누가 장담할 수 있을까? 원자로가 탄생한 지

80년이 흐른 지금 새로운 아이디어와 새로운 기술이 개발되고 있다.

이것을 활용해 새로운 차세대 원전을 만들 수는 없을까?

차세대 원전 개발에는 크게 두 가지 흐름이 있다. 그 하나는 **상용원자로로 실적이 있는 '경수로'를 개량하는 것이다.** 그리고 또 하나는 **토륨용융염로나 고속증식로와 같이 경수로와는 개념이나 구조가 다른 원자로를 개발하고 실용화**하는 것이다.

1세대(1950년대~) 실험로, 2세대(1970년대~) 경수로

경수로는 핵연료가 생산하는 에너지를 경수(보통의 물)로 추출하는 원자로를 말한다.

연료가 들어가는 압력용기는 물로 채우고 핵분열 에너지로 그 물을 가열해 수증기를 만들고 그 증기로 터빈을 돌려 전기를 만든다.

후쿠시마 제1원전의 경우, 외부 전원이 차단되면서 펌프가 멈춰 압력용기 내부의 물 보급이 중단되었다. 그로 인해 연료가 과열되어 멜트다운을 일으켰다.

미국 원자력규제위원회(NRC)는 건설 시기로 원자로 세대를 구분한다. 원자로 1세대는 1960년대 중반까지 미국에서 개발한 실험로다. 2세대부터가 1990년대 중반까지 건설된 상용로다. 후쿠시마 제1원전도 2세대에 속한다.

제9장 앞으로 원자력 발전은 어떻게 진화해나갈까?

3세대(1990년대~) 경수로

2세대까지의 원자로를 개량한 3세대 원자로는 원자로를 대형화하고 펌프와 전원을 다중화하는 등 안전 기능을 강화했다. 물론 후쿠시마 사고를 경험한 후, 지진을 대비해 면진 장치 도입 또한 검토하고 있다.

사고 발생 시에 작업원의 손을 거치지 않고 방사성 물질의 비산을 방지하도록 자동으로 가동하는 '패시브 세이프티' 개념을 도입한 원자로도 등장했다.

그중에는 격납용기 위쪽에 거대한 수조를 설치해, 용기 내 온도가 급격히 상승하면 자동으로 수조의 밸브가 열리고 물이 쏟아져 원자로를 냉각시킴으로써 과열 사고를 미리 방지하는 구조도 있다.

원시적인 아이디어지만 그만큼 신뢰할 수 있을 것이다.

4세대(2030년대~) 차세대 원자로

차세대 원전의 또 다른 흐름은 2030년 이후에 실용화를 목표로 하는 4세대 원자로다.

이것은 냉각재에 물을 사용하지 않는다. 다시 말해, '몬주'와 같은 나트륨냉각로나 중국이 실용화에 착수한 토륨용융염로다.

❶ 나트륨냉각로

나트륨냉각고속로는 물이 아닌 금속나트륨으로 노심을 식힌다. 연료는 경수로와 마찬가지로 우라늄을 사용한다. MOX 연료(우라늄·플루토늄 혼합 산화물)를 사용하면 전기를 생산했을 때 연료가 증가하는 '고속증식로'가 된다.

그러나 금속나트륨은 습한 공기와 접촉하면 수소가스가 발생해 열이 상승하여 대폭발에 이르기 때문에 취급이 까다롭고 위험하다.

또한 증식로의 개발 비용도 증가하기 때문에 이미 미국이나 영국은 여기서 철수했다. 하지만 신흥국이나 프랑스에서는 계속해서 개발 중이다.

러시아는 상업용 원자로에 성공했다고 하니 그 뒤를 잇는 나라가 나올 것이다.

❷ 토륨용융염로

토륨용융염로는 1970년대에 미국에서 실험로의 운전 성과가 있었지만 우라늄 경수로가 세계의 주류가 되면서 오랫동안 주목을 받지 못했다.

그러나 오랜 경수로 운전에서 생긴 플루토늄을 처분하는 데 사용할 수 있기 때문에 최근에 다시 주목받고 있다.

또한 토륨은 희토류 채굴에 따르는 부산물로, 중국 등 희토류 개발이 활발한 국가에서는 방대한 양의 토륨 처분 때문에 고심하고 있다. 토륨용융염로는 그 해소에도 안성맞춤이다.

토륨용융염로의 특징은 토륨과 각종 나트륨으로 부르는 금속화합물의 혼합물을 가열, 용융하고 그 액체를 연료로 사용한다는 것이다. 용융염은 액체이지만, 고온에서 수증기가 되는 물과 달리 고온 상태에서도 부피가 거의 팽창하지 않는다.

따라서 용기 안은 항상 상압이므로 용기에서 유출되는 일이 잘 발생하지 않는다.

만약 온도 상승이 감지되면 원자로 바닥의 밸브를 열어 액체연료가 원자로 하부의 전용 용기로 떨어져 반응을 멈추게 할 수 있다.

이것도 원시적인 안전대책인 만큼 신뢰할 수 있을 것이다.

그림 9-5 세계 원자력 기술을 둘러싼 동향

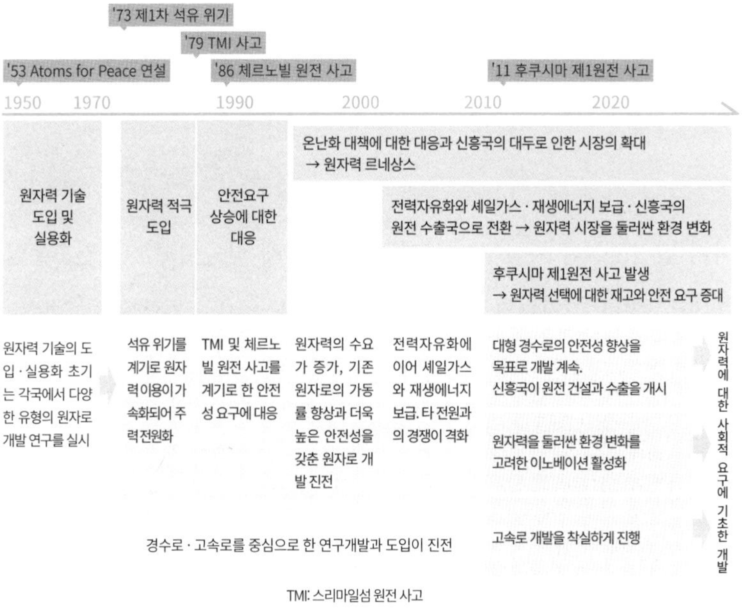

'73 제1차 석유 위기
'79 TMI 사고
'53 Atoms for Peace 연설   '86 체르노빌 원전 사고   '11 후쿠시마 제1원전 사고

1950   1970   1990   2000   2010   2020

원자력 기술 도입 및 실용화	원자력 적극 도입	안전요구 상승에 대한 대응	온난화 대책에 대한 대응과 신흥국의 대두로 인한 시장의 확대 → 원자력 르네상스
			전력자유화와 셰일가스·재생에너지 보급·신흥국의 원전 수출국으로 전환 → 원자력 시장을 둘러싼 환경 변화
			후쿠시마 제1원전 사고 발생 → 원자력 선택에 대한 재고와 안전 요구 증대

원자력 기술의 도입·실용화 초기는 각국에서 다양한 유형의 원자로 개발 연구를 실시

석유 위기를 계기로 원자력이용이가 속화되어 주력전원화

TMI 및 체르노빌 원전 사고를 계기로 한 안전성요구에 대응

원자력의 수요가 증가, 기존 원자로의 가동률 향상과 더욱 높은 안전성을 갖춘 원자로 개발 진전

전력자유화에 이어 셰일가스와 재생에너지 보급. 타 전원과의 경쟁이 격화

대형 경수로의 안전성 향상을 목표로 개발 계속. 신흥국이 원전 건설과 수출을 개시

원자력을 둘러싼 환경 변화를 고려한 이노베이션 활성화

경수로·고속로를 중심으로 한 연구개발과 도입이 진전

고속로 개발을 착실하게 진행

원자력에 대한 사회적 요구에 기초한 개발

TMI: 스리마일섬 원전 사고

(출처: 자원에너지청 《세계의 원자력 기술 동향》에서 작성)

44

마침내 수명이 다해가는 원자로의 신진대사

방사성 폐기물의 처리

원자력 발전시설은 최신 소재와 설계가 결합해 만들어졌으나 건조물임에는 변함이 없다. 그러므로 당연히 수명이 있다. 어떤 원자로든 언젠가는 폐기·철거의 운명으로 향하게 된다. 1990년부터 2006년 사이에 전 세계적으로 발전용 원자로 110기가 정지되었다.

발전시설이나 관리시설의 철거는 일반 건조물의 철거와 동일하다. 기본적으로는 문제가 없다.

그러나 원자로는 그렇지가 않다.

방사성 물질이 담긴 원자로의 폐기

원자력 발전소 폐기에 있어 문제가 되는 부분은 원자로 본체, 즉 격납용기와 그 내부의 압력용기다. 그 안은 방사성 물질로 채워져 있는데 반감기가 수만 년 이상인 경우도 있다.

방사능이 소멸할 때까지 이 방사성 물질을 보관해야 한다. 어떻게 해야 할까?

지금까지 경수로의 경우에는 방사능이 약해질 때까지 20~30년 동안을 안전하게 저장한 후에 해체하는 방법을 바람직하다고 보았다.

그러나 최근에는 해체 기술이 발달함에 따라, 운전을 정지한 후 즉시 해체하는 방향으로 변화하고 있다. 최근 폐기된 경수로 41기 중 21기가 즉시 해체 절차에 들어갔다.

이 방법은 용기나 주변기기에 부착된 방사성 물질을 완전히 제거하는 기술이 중요한데 각종 산과 산화제, 환원제를 다루는 화학 기술이 발달해 가능하게 되었다.

원자로의 해체 순서

실제 원자로를 해체할 때는 다음과 같은 순서를 따른다.

① 사용후핵연료를 압력용기에서 꺼낸다.
② 저장 수조에 보관했던 사용후핵연료를 꺼낸다.
③ 주변 설비를 해체한다.
④ 원자로를 해체한다.
⑤ 마지막으로 건물을 해체한다.

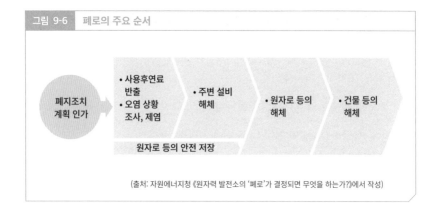

원자로 등의 안전 저장

폐지조치 계획 인가

• 사용후연료 반출
• 오염 상황 조사, 제염

• 주변 설비 해체

• 원자로 등의 해체

• 건물 등의 해체

(출처: 자원에너지청《원자력 발전소의 '폐로'가 결정되면 무엇을 하는가?》에서 작성)

한편, 폐로 작업이 시작된 원자로에 대해서도 운전 중인 원자로와 거의 동일한 안전 규제를 적용한다.

방사성 폐기물의 처리 문제

원자력 발전에서는 사용후핵연료를 포함한 방사성 폐기물 처리가 문제다.

땅속에 매장하거나 지각판의 이동 경계면에 투기하여 맨틀 속에 넣는 등 다양한 아이디어가 있다. 로켓에 태워 우주에 버리거나 태양까지 날려 버리는 등 SF 만화 같은 방법도 있다.

그러나 가장 큰 폐기물은 원자로 그 자체다. 격납용기를 철거하고 나면 어떻게 될까? 원자로 내부는 그때까지 발생한 방사성 물질로 가득하다.

게다가 압력용기를 철거하면 격납용기 처리에 비할 바가 아니다.

일본의 경우 사용후핵연료를 모두 재처리하여 재활용할 방침이다. 현재로서는 사용후핵연료 일부는 해외에서 재처리되고 있지만 그 외에는 원전

부지 내 냉각 수조에서 보관하며 재처리를 기다리고 있다. 재처리를 위한 시설로는 일본원연주식회사의 재처리 공장(아오모리현 롯카쇼무라)이 예정되어 있다.

사용후핵연료뿐만 아니라 화학적인 재처리 과정에서도 고준위 방사성 폐액이 나온다. 이것은 유리를 섞어 굳힌 뒤에 지하 300m 깊이에 매설 처분하도록 법령으로 규정하고 있다.

이런 오염물을 어떻게 보관하고 폐기할 것인가? 이제는 더 이상 미룰 수 없는 상황이 임박했다.

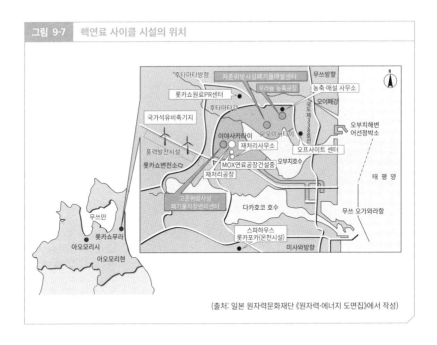

그림 9-7 핵연료 사이클 시설의 위치

(출처: 일본 원자력문화재단《원자력·에너지 도면집》에서 작성)

45

원자력 발전의 미래는
어떻게 될까?

세계 주요 국가의 동향

앞서 본 바와 같이 원자로에 대한 세계 각국의 대응은 혼란 속에 있다. 원자로의 유용성을 부정하는 사람은 없지만 그 위험에 대해 호소하는 목소리들은 넘쳐나고 있다.

원자로는 기술이다. 기술을 잘 사용하지 못하는 문명은 쇠퇴한다. 메소포타미아 문명, 인더스 문명 등 치수 기술을 적절히 다루지 못해서 쇠퇴한 문명은 한둘이 아니다. 히타이트 문명은 철기를 발명하여 번성했지만 결국 잘 다루지 못하고 환경 문제로 쇠퇴했다.

바로 80여 년 전 원자력이라는 기술을 손에 넣은 현대 문명은 이대로 계속 번영을 유지할 수 있을까? 아니면 핵전쟁, 방사능 오염 등으로 쇠퇴의 길을 걷게 될까?

세계 각국·지역 원전 정책의 변천

1979년 스리마일섬 원전 사고가 일어나기 전까지 전 세계는 호의를 가지고 원자력 발전을 환영했었다. 그러나 사고가 발발한 이후 원자력 발전의 위험성을 우려하는 목소리가 확산했다.

1986년 체르노빌 원전 사고는 유럽의 광범위한 지역에 직접적인 영향을 끼쳤다. 이탈리아는 이전까지 원전을 활용했지만 1990년에 모든 원자로를 폐쇄하고 현재에 이르렀다. 벨기에도 1988년에 건설 계획을 철회하고 2003년에는 건설 금지를 법제화했다.

한편 우크라이나는 체르노빌 사고가 일어나고 4년 후인 1990년에 신규 건설을 동결했지만 전력 부족에 빠지면서 3년 후 그것을 철회했다. 체르노빌 원전도 사고가 발생한 4호기를 제외한 1~3호기는 계속 가동되고 있다.

2011년 후쿠시마 제1원전 사고 후에 독일, 스위스, 대만, 한국 등이 다시 한번 탈원전을 표명했다. 스위스는 체르노빌 사고 이후 한때 동결했던 건설을 2000년대에 들어서서 용인했다가 다시 탈원전 방침을 결정했다.

이처럼 사고와 각국, 각 지역 정책의 관계만 보아도 각각 처한 상황에 따라 다양한 정책이 추진되고 있으며 다양한 변화가 있었음을 알 수 있다.

국제원자력기구의 예측

국제원자력기구(IAEA)는 장기적으로는 원전의 중요성이 지속될 것으로 예측한다. 2022년 말 기준, 세계 전체적으로 31개 국가와 지역에서 운전할 수 있는 원자로 수는 437기다.

❶ 단기적·장기적 예측

IAEA는 단기적으로는 천연가스 가격의 하락과 재생에너지 이용의 확대로 전력 가격이 하락하고 있는 지역에서는 원전에 대한 투자가 미뤄질 것으로 예측한다.

그러나 장기적으로는 다음과 같은 요인의 영향으로 원전에 대한 투자가 조금 줄어들거나 혹은 대폭 증가할 것으로 예측한다.

❷ 장기적인 증가 예측의 원인

● 개발도상국의 인구 및 전력 수요의 증가

세계 인구는 2022년에 80억 명에 도달했고, 유엔의《세계 인구 추계 2022년도판》에서는 2058년이면 100억 명에 달할 것이라고 한다. 이 정도의 인구를 지탱하려면 원자력 없이는 불가능하다.

● 기후변동이나 대기오염에 대한 대책

환경오염의 주요 원인인 화석 연료 사용을 중단하는 데 재생에너지만으로는 충분하지 않다.

● 에너지 안전보장

소수 국가의 에너지 독과점, 러시아 사태와 같은 국제 분쟁 문제는 언제 일어날지 모른다.

● **기타 에너지 자원 가격의 변동**

에너지원의 수요·공급 관계뿐만 아니라 에너지 가격의 투기적 널뛰기 현상도 있다.

주요국의 원전 정책, 지금은 어떤 상황일까?

세계 주요 국가의 원전 정책은 어떻게 추진되고 있을까? 주요국의 움직임을 살펴보자(각국의 운전 중인 원전 기수는 2022년 말 기준. 총발전량에서 차지하는 원자력의 비율은 2021년 실적치. 일본 원자력문화재단의 자료《세계 원자력 발전 상황》에 따른다).

❶ 미국(95기·19.7%)

현재 세계에서 가장 많은 수인 95기의 원전이 가동되고 있다. 대부분 1980년대에 가동을 시작했으며 그중에 91기는 수명을 60년으로 연장하고 있다. 스리마일섬 사고 후에는 신규 건설이 끊긴 시기도 있지만 최근에는 원전의 저탄소 전원으로서의 가치를 재검토하는 움직임도 보인다.

❷ 영국(15기·14.5%)

현재 15기를 가동하여 총발전량의 약 14.5%를 차지하고 있지만, 시설 노후화로 인해 14기가 2030년까지 폐쇄될 예정이어서 대폭적인 전원 부족에 빠질 우려가 있다. 현재 8기의 신설을 추진하고 있지만 국내 원자력 관련 기술이 쇠퇴한 탓에 해외 사업자의 개발 계획이 진행되고 있다.

③ 프랑스(56기·70.6%)

전통적으로 원전 의존도가 높은 국가다. 현재도 56기를 가동하고 있으며 총발전량 중 원전의 비중은 70.6%로 세계 유수의 원전 국가다.

④ 독일

2002년 개정된 원자력법에 따라 2020년경까지 원자로를 모두 폐기하기로 했으나, 그 후 연관 법을 재검토해 운전 연장을 결정했다. 그러나 후쿠시마 제1원전 사고로 인해 다시 2022년까지 순차적으로 원자로를 폐쇄하기로 결정했다. 당시에는 6기가 가동하고 있었지만 2023년 4월 15일에 모든 원자로는 정지되었다.

2035년까지 재생 가능 에너지만으로 전력을 공급한다는 목표를 세우고 있다.

⑤ 중국(48기·4.9%)

급격히 증가하는 전력 수요에 대응하기 위해 적극적으로 원전 도입을 추진하고 있다. 후쿠시마 제1원전 사고로 한때 건설을 동결했었지만 2011년 이후 24기가 신설되어 현재는 미국, 프랑스에 이어 세계 3위의 원전 국가가 되었다.

⑥ 일본

후쿠시마 제1원전 사고에 대한 반성으로 '원자력 발전은 가능한 한 저감'시키기로 했다. 그러나 균형 잡힌 에너지 믹스가 실현되어야 한다는 관점에서 최근에는 원자력 발전의 유용성이 재검토되는 중이다.

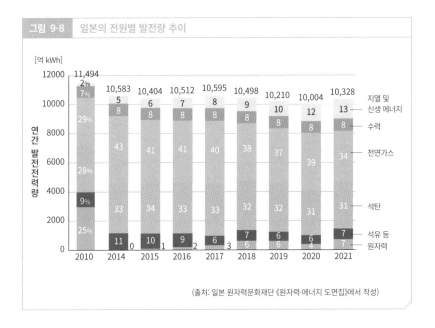

그림 9-8 일본의 전원별 발전량 추이

(출처: 일본 원자력문화재단 《원자력·에너지 도면집》에서 작성)

제 10 장

핵융합로는
인류의 미래를
짊어질
비장의 에너지 카드?

46

태양과 수소폭탄의
핵융합 반응

E=mc^2

지금까지 살펴본 원자로는 원자핵을 연료로 하되 원자핵에서 일어나는 반응은 모두 핵분열 반응이었다.

원자핵에서 에너지를 추출하는 반응에는 핵분열 반응과 더불어 핵융합 반응이 있다. 핵융합로는 이 핵융합 반응을 이용해 열을 추출하고 그것을 이용해 전기를 생산하는 것이다.

앞서 살펴본 바와 같이 핵융합 반응에서 얻을 수 있는 에너지는 핵분열 반응에서 얻을 수 있는 에너지에 비해 월등하게 많다. 핵융합로야말로 인류의 미래 에너지를 짊어질 비장의 카드일지도 모른다.

핵융합 반응이 생산하는 핵융합 에너지

핵융합 반응은 작은 원자핵이 융합하여 큰 원자핵이 되는 반응을 말한다.

이 반응을 전후해서 질량을 비교해보면 반응 후에는 질량이 감소한다. 이를 질량결손이라 하는데 이 줄어든 질량 m이 아인슈타인의 식 $E = mc^2$에 의해 에너지 E로 변화한다.

이 에너지를 일반적으로 핵융합 에너지라 하는데 태양 등의 항성이 빛나는 에너지가 되고, 수소폭탄의 파괴 에너지가 되고, 인류 발전에 이용하는 에너지가 되는 것이다.

핵융합 반응은 여러 종류가 있지만 잘 알려진 예를 살펴보기로 한다.

태양에서 일어나는 핵융합 반응

핵융합 반응으로 가장 잘 알려진 예가 태양에서 일어나는 핵융합 반응일 것이다. 이 반응은 4개의 수소 원자핵 ^{1}H가 융합하여 1개의 헬륨 원자핵 He가 된다.

$$4^1\text{H} \rightarrow {}^4\text{He}$$

$$(1.008\text{kg}) \rightarrow (1.001\text{kg})$$

괄호 속의 수치는 각각 원료와 생성물의 질량이다. 다시 말해, 이 반응에서는 0.7%의 질량결손이 발생한다는 사실을 알 수 있다. 이 질량결손이 막대한 에너지로 전환되는 것이다.

다시 말해, 태양은 초당 5.64×10^{11}kg(5억 6,400톤)의 수소를 반응시켜 전체적으로 약 4×10^{26}J · s^{-1}의 에너지를 낸다. 이것은 무려 히로시마형 원자폭탄 5조 개 분량의 에너지다.

그중에 지구가 받는 에너지는 약 20억분의 1에 지나지 않는다.

수소폭탄에서 일어나는 핵융합 반응

수소폭탄의 에너지원은 2개의 원자핵, 중수소(D)와 트리튬(T)의 핵융합 반응으로, 그 반응은 다음 식으로 나타낼 수 있다.

$$D(^2H) + T(^3H) = {}^4He + {}^1n$$

이 반응은 D와 T의 반응이므로 일반적으로 DT반응이라 한다. 핵융합 반응으로는 최대 에너지가 발생한다고 한다.

이 식에서 중수소 D와 삼중수소 T(트리튬)가 수소폭탄의 원료다. 그러나 삼중수소 ^3H는 반감기 12년이 지나면 헬륨 3(^3He)으로 변환된다. 다시 말해, 삼중수소는 시간의 경과와 함께 감소한다.

이는 모처럼 만든 무기로서의 수소폭탄 성능이 떨어진다는 것을 의미한다. 신선식품인 생선이나 채소처럼 서서히 신선도가 떨어지는 것이다.

이 점을 보완하기 위해 수소폭탄 내부에서 폭발할 때 삼중수소를 만들고 이제 막 생성된 삼중수소를 핵융합 반응 연료로 쓰는 방법도 있다. 다시 말해, 삼중수소를 리튬(^6Li)과 중성자 n의 핵반응으로 만드는 것이다.

$$^6Li + {}^1n = {}^3H + {}^4He$$

핵융합로에 사용하는 핵융합 반응

핵융합로에 사용할 수 있는 핵융합 반응은 여러 가지가 있지만 현재 가장 유력한 것은 중수소 ^{2}H(D)와 삼중수소 ^{3}H(T)를 반응시키는 DT반응이다.

이 2종의 연료 중 중수소는 바닷물 속에 7,000분의 1 비율로 존재하므로 자연계에서 조달하기란 어렵지 않다. 거의 무궁무진하다 해도 좋다.

문제는 삼중수소다. 삼중수소는 자연계에는 거의 존재하지 않는다. 그래서 이 연료의 삼중수소도 핵융합로에서 만든다.

즉, 핵융합으로 발생하는 중성자 n과 리튬의 동위 원소 ^{6}Li를 반응시켜 삼중수소를 만드는 것이다.

이것은 수소폭탄과 완전히 동일한 반응이다. 그러므로 핵융합로는 수소폭탄의 평화적 이용판이라 할 수 있겠다.

^{6}Li는 천연 리튬 속에 7.5% 포함되어 있기 때문에 자연계에서 쉽게 조달할 수 있다. 우라늄 235(^{235}U)의 약 0.7%에 비하면 훨씬 많은 양이다.

이처럼 '원자로의 연료를 원자로에서 만든다'는 아이디어는 현행 우라늄 핵분열로에서 플루토늄을 만드는 것과 동일해 특별히 새로운 것은 없다.

그림 10-1 핵융합로에 사용하는 핵융합 반응

DT반응 $\quad ^2_1\text{H} \ + \ ^3_1\text{H} \ \longrightarrow \ ^3_2\text{He} \ + \ ^1_0\text{n}$

T의 생산 $\quad ^6_3\text{Li} \ + \ ^1_0\text{n} \ \longrightarrow \ ^3_1\text{H} \ + \ ^4_2\text{He}$

47

앞으로 30년이 더 필요한
핵융합로의 완성

에너지 사정의 절박함

D와 T, 두 종류의 원자핵을 융합시키기 위해서는 각각의 원자핵 바깥쪽에 있는 전자구름을 벗겨내 원자핵이 드러나게 해야 한다. 다시 말해, 원자를 전자와 원자핵으로 각각 분리한 상태, 플라스마 상태로 만들어야 한다.

'임계플라스마 조건'은 달성되었다

그러나 원자를 플라스마로 만들기만 해서는 핵융합이 일어나지 않는다. 핵융합이 일어나려면 그 플라스마가 높은 운동에너지(열, 온도)를 가지고 고밀도의 상태를 일정 시간 유지해야 한다. 그렇지 않으면, 이 조건을 유지하기 위해 외부에서 가해지는 에너지와 그 결과 방출되는 에너지가 균형을 이루지 못한다. 요컨대, 지출이 수입을 초과하게 된다.

이 균형 조건을 '임계플라스마 조건' 혹은 '로슨 조건'이라 한다. 이것은

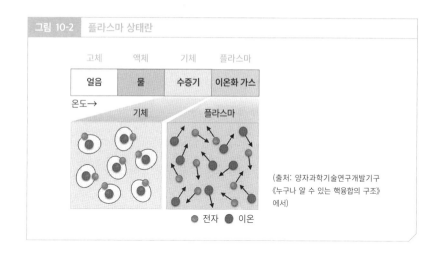

그림 10-2 | 플라스마 상태란

고체	액체	기체	플라스마
얼음	물	수증기	이온화 가스

온도→

기체   플라스마

(출처: 양자과학기술연구개발기구
《누구나 알 수 있는 핵융합의 구조》
에서)

● 전자 ● 이온

'1억 ℃ 이상의 온도, 30만분의 1의 입자 밀도, 1.5초 이상의 가둠시간'이란 매우 기억하기 쉬운 조건이다.

노력한 보람이 있어 이 조건은 2007년에 이미 달성되었다. 현재 온도는 1억 2,000만 ℃에 도달했다.

에너지 우려 속에 정치·경제적 조건을 뛰어넘을 수 있을까?

핵융합로는 인공태양이다. 이것이 실용화되면 인류는 에너지 걱정을 할 필요가 없어진다고 한다.

반세기가 넘는 시간 동안 연구가 이루어지고 있으며 일정한 성과도 올리고 있지만 실현은 아직 먼 훗날의 이야기다.

필자가 학생이었던 50년 전에도 30년 이상 먼 미래에 실현할 수 있다고 했는데, 지금도 여전히 30년 이상의 시간이 걸릴 것이라 한다.

핵융합로 개발 연구 자체가 어렵기도 하지만, 연구자와 연구 예산이 적은 정치·경제적 문제 때문이기도 하다.

그러나 현재는 이산화탄소 배출 감소가 매우 중요한 문제로 떠오른 데다 재생에너지도 아직은 부족한 상태고 러시아 에너지도 장래가 불투명하다. 이 때문에 각국 정부가 원자력 에너지를 재평가하는 자세를 보인다. 그 안에는 핵융합로도 포함되어 있으니 앞으로 개발에 속도가 붙을 것으로 예상할 수 있다.

48

1억 ℃의 연료를 견디는
핵융합로의 종류와 구조

자기장 및 레이저빔

그런데 1억 ℃에 달하는 연료를 어디에 담을 수 있을까? 1억 ℃를 견딜 수 있는 소재라니, 상상할 수가 없다.

그렇다. 핵융합로에서는 연료를 용기에 넣어 반응시킬 수가 없다. 그렇게 했다가는 어떤 용기든 녹아내릴 뿐 아니라 순식간에 증발해 기체가 되어 버릴 것이다.

그렇다면 연료를 어떻게 일정 위치에 담아둘 수 있을까? 이를 위해서 '자기장 가둠 방식'과 '레이저빔 가둠 방식' 두 가지 방법을 개발하고 있다.

1억 ℃가 넘는 연료를 어떻게 가둘 수 있을까?

❶ 자기장 가둠 방식

자기장 가둠 방식은 자력선으로 '바구니'를 만들고 그 안에 플라스마가 밖으로 누출되지 않도록 가두는 방법이다. 연료인 플라스마는 전자와 원자핵으로 분리되어 있기 때문에 전하를 띠지 않는다. 이를 이용해 자기장의 힘으로 연료를 유지한다.

플라스마 주위에 강력한 전자석을 배치하면 그 자력선을 따라 플라스마가 공중에 뜨는 형태로 유지된다. 그러므로 고온의 플라스마가 다른 물체와 접촉하는 일은 생기지 않는다.

이 방법은 토카막 방식과 헬리컬 방식이 있다.

● 토카막(도넛) 방식

토카막 방식은 자기장 가둠 방식 중 가장 잘 알려져 있는 방식이다. 이것은

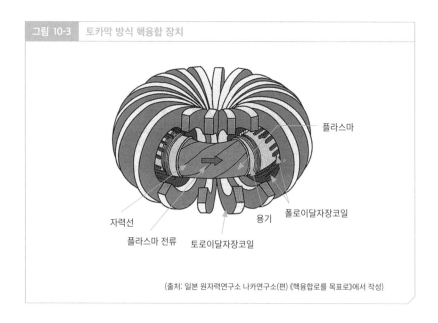

그림 10-3 토카막 방식 핵융합 장치

플라스마

폴로이달자장코일

용기

자력선

플라스마 전류   토로이달자장코일

(출처: 일본 원자력연구소 나카연구소(편)《핵융합로를 목표로》에서 작성)

　제10장 핵융합로는 인류의 미래를 짊어질 비장의 에너지 카드?

'토카막 방식'의 핵융합 실험장치 JT-60SA　　　(출처: 일본 양자과학기술연구개발기구)

속이 빈 거대하고 단순한 도넛 모양의 파이프 용기와 용기 안팎에 있는 3개의 코일로 이루어져 있다.

그리고 자력선은 이 파이프 속을 한 바퀴 돌도록 배치한다. 플라스마 내부의 전류로 플라스마를 가두는 방식인 것이다.

토카막은 지금까지 가장 많이 건설된 방식이며 핵융합 연구가 가장 진전되어 있는 방식이다.

일본 원자력연구개발기구에서는 JT-60이라 부르는 대형 토카막 장치를 이용해 세계 최고의 플라스마 성능을 달성하는 등 핵융합로 실현을 위해 연구를 순조롭게 진행하고 있다.

그림 10-4 | 헬리컬 장치

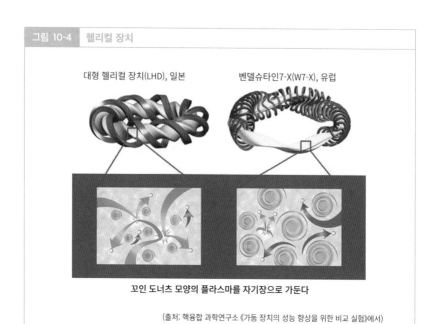

대형 헬리컬 장치(LHD), 일본

벤델슈타인7-X(W7-X), 유럽

꼬인 도너츠 모양의 플라스마를 자기장으로 가둔다

(출처: 핵융합 과학연구소 《가둠 장치의 성능 향상을 위한 비교 실험》에서)

● **헬리컬 방식**

헬리컬 방식은 그림 10-4와 같이 나선형 코일에 전류를 흘려보내 가둠 자기장을 형성한다.

❷ 레이저빔 가둠 방식

레이저빔 가둠 방식은 아주 작게 만든 연료에 사방에서 레이저빔(그 외에 전자빔, 경이온빔, 중이온빔 등)을 조사하여 연료를 압축시키고 높은 밀도를 만들어 반응을 일으키는 방법이다.

이는 관성 가둠 방식이라고도 한다.

그림 10-5   레이저빔 가둠 방식의 이론도

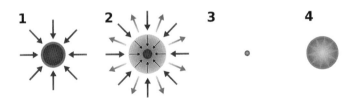

연료에 레이저빔을 조사한다①. 레이저를 조사한 연료의 바깥쪽은 고온, 고압력 상태가 되고② 연료는 중심을 향해 압축한다(폭축)③. 이렇게 순간적으로 핵융합 반응이 일어난다④.

49

핵융합로 실현을 위한
거대 국제 프로젝트가 생겼다

7대륙 35개국 참가

인류의 미래 에너지를 책임질 핵융합로에도 장단점이 있다. 각각의 면모를 살펴보자.

핵융합로의 장점

- 핵분열에 기초한 현행 원자력 발전과 마찬가지로 온난화 가스인 이산화탄소를 배출하지 않는다.

- 핵분열 반응과 같은 연쇄 반응 형식이 아니기 때문에 원리적으로 반응이 폭주할 위험성이 없다.

- 연료인 중수소는 바닷물 속에 7,000분의 1 비율로 존재하며, 거의 무궁무진하다. 단, 삼중수소를 만들기 위한 ^6Li는 희소 금속인 리튬 ^7Li에 7.5% 정도만 함유되어 있어 이 자원량은 걱정된다.

- 핵융합에 사용할 수 있는 반응은 DT반응 외에도 여러 가지가 있기 때문에 앞으로 연료를 바꾸면 앞의 문제도 대처할 수 있을 것이다.

핵융합로의 단점

- 삼중수소는 방사성 물질로 반감기가 12.32년이며 ^{3}He로 β붕괴하는 위험한 물질이다. 만일 이 삼중수소가 환경에 누출되면 산소와 반응하여 물이 되는데 이렇게 되면 회수가 거의 불가능하다.
- 사용후핵연료와 같은 방사성 폐기물은 나오지 않지만 반응 용기인 노벽 등은 방사선에 오염된다.
- 초고온, 초고진공이라는 물리적인 조건 때문에 실험 단계에서부터 실용 단계에 이르기까지 모든 과정에 거대 시설이 필요하다. 따라서 개발·연구·건설에 막대한 비용이 들어 한 국가가 모든 비용을 감당할 수 없다.

35개국이 참가하는 초대형 국제 프로젝트가 만들어졌다

그래서 인류 최초의 핵융합 실험로를 실현하고자 초대형 국제 프로젝트인 국제열핵융합실험로(ITER)가 출범했다. ITER 계획은 평화적인 목적을 위한 핵융합 에너지 성립을 실증하기 위해 시작된 프로젝트다.

ITER 계획은 2025년 운전 개시를 목표로 한국·유럽·미국·러시아·일본·중국·인도가 속한 7대륙(35개국)에 의해 진행되고 있다.